Industrial design
sketch bible:
Ideas + Career + Performance
工业设计手绘宝典
➜创意实现 + 从业指南 + 快速表现

罗剑 李羽 梁军 编著

清华大学出版社
北 京

内 容 简 介

本书以国内著名设计师设计手绘表达过程为主线进行解读，从简单的产品手绘到复杂的产品手绘表现都有讲解，并且从全新的产品设计的宏观视角去诠释实际设计过程中手绘的运用。全书分为创意实现、从业指南、快速表现几大领域。创意实现：用手绘的直观方式告诉读者工业设计不是单纯的做产品外形设计，还有很多其他的知识点。从业指南：不仅详细剖析了工业产品的绘制及上色方法，而且还详细讲解了设计专业学生毕业后工作、就业等从业方面的宝贵经验。快速表现：详细讲解了怎样用最有效、最简便、最好掌握的方法抓住设计灵感，贴合主题思想表现设计手绘效果图。

本书光盘包含设计实例的手绘步骤过程演示视频以及部分书中没有的实例过程步骤清晰大图，可供读者练习、参考。

本书读者群为工业设计专业的在校师生、即将毕业和刚毕业的设计专业学生、刚进入设计公司或者企业的设计师以及有一定工作经验的设计师、非艺术设计/工业设计专业的但是热爱产品设计的社会人士。

图书在版编目(CIP)数据

工业设计手绘宝典：创意实现+从业指南+快速表现 / 罗剑，李羽，梁军编著. —北京：清华大学出版社，2014 （2018.8 重印）

ISBN 978-7-302-34689-0

Ⅰ.①工…　　Ⅱ.①罗…　②李…　③梁…　　Ⅲ.①工业产品—产品设计—绘画技法　　Ⅳ.①TP472

中国版本图书馆 CIP 数据核字（2013）第 290858 号

责任编辑：栾大成
装帧设计：杨玉芳
责任校对：胡伟民
责任印制：沈　露

出版发行：清华大学出版社

　网　　　址：http://www.tup.com.cn，http://www.wqbook.com
　地　　　址：北京清华大学学研大厦 A 座　　　　　邮　　编：100084
　社 总 机：010-62770175　　　　　　　　　　邮　　购：010-62786544
　投稿与读者服务：010-62776969，c-service@tup.tsinghua.edu.cn
　质 量 反 馈：010-62772015，zhiliang@tup.tsinghua.edu.cn

印　刷　者：北京鑫丰华彩印有限公司
装　订　者：三河市溧源装订厂
经　　　销：全国新华书店
开　　　本：275mm×210mm　　印　张：21.5　　字　　数：1092 千字
　　　　　　（附 DVD1 张）
版　　　次：2014 年 2 月第 1 版　　　　　印　　次：2018 年 8 月第 5 次印刷
定　　　价：99.00 元

产品编号：055200-01

前　言

一件产品的工业设计整体过程实际上是从构思到建立一个切实可行的实施方案过程，在这个过程中主要是通过手绘方法来表示出设计思想，所以工业设计手绘非常重要，是当今工业设计领域不可缺少的基本组成部分。

工业设计手绘本身要符合当前设计发展的潮流，随着技术水平的提高，工业产品生产从材料到工艺也随之提高，手绘能让设计的空间越来越大，设计来源于生活而又高于生活，工业设计以人为本。

从上世纪末到现在，连续 17 年的工作之余，我每个周末都要去各个书店调研，发现市面上很少有全面系统地介绍手绘方法的书籍，能找到的一些资料很多都是偏理论或者偏视觉，脱离了实际生产需要。对于工业设计手绘来说，显而易见光有理论是不够的，还要了解现在设计专业的学生以及设计师最需要的是哪方面的信息，理论结合实际，才能在真正的工作中得心应手；偏视觉设计的一些图书资源，往往一些效果图画得很炫很离奇，视觉上看得很过瘾，这种资料也很受欢迎，而实际上，工业设计手绘是要最终转化为产品的，要考虑非常多的现实因素，如制造工艺、材料、成本等，所以手绘一定不能脱离了产品设计的轨道。在漫长的探索中，我走了很多弯路，现在就是想把这些内容都体现在一本书里面，由此，这本书慢慢地浮出水面。

本书基于三位作者合计超过 30 年的从业经历和超过 15 年的教学经验，我们了解读者"到底需要什么"，"应该怎么办"，比如练习中、工作中遇到的各种问题，本书中都有解答，尤其针对基础薄弱的设计师该如何训练，本书中也有详尽解答。另外，在绘制效果图的方法上并不是一成不变的，可以运用很多种巧妙的方法去画。

在我们的教学中，积累了非常多的学员最关心的问题，而这些问题，无论是在专业课堂上、社会图书资料中还是在网络资源里都很难找到。比如次色、近似色、对比色是手绘上色时必须要了解的知识点。

本书内容

由书名可以了解，全书分为：创意实现，从业指南，快速表现几大领域，因为这三部分内容是互相交叉的，所以这几部分内容是分散到书中各个章节的。

- 创意实现：用手绘的直观方式告诉读者工业设计不是单纯的做产品外形设计，还有很多其他的知识点。
- 从业指南：不仅详细剖析了工业产品的绘制及上色方法，而且还详细讲解了设计专业学生毕业后工作、就业等从业方面的宝贵经验。
- 快速表现：在本书内容里详细讲解了怎样用最有效、最简便、最好掌握的方法抓住设计灵感，贴合主题思想表现设计手绘效果图。

本书光盘

包含设计实例的手绘步骤过程演示视频以及部分书中没有的实例过程步骤清晰大图，可供读者练习、参考。

学习方法

《工业设计手绘宝典——创意实现 + 从业指南 + 快速表现》中的图书和光盘相辅相成，缺一不可。光盘视频让你了解设计手绘的连贯绘制细节和技法，书中则是对其重要绘制节点的点评和分析以及针对从业当中遇到各种问题的解答和实际创意实现。

最理想的学习方法是：

将本书光盘中的 MP4 格式视频导入类似 iPAD 之类的平板电脑或大屏播放器，同时翻开本书参考钻研，并在书旁边拿起纸笔进行练习，三位一体，事半功倍！

工业设计手绘是一个值得骄傲的工作，应该快乐地去做，在本书附录中，我们通过一些设计感悟和常见问题来描述工业设计中从构思到量产的流程，从而了解手绘在整个产品设计过程中的角色。

希望大家在从这本书里体会到我们的良苦用心，不要走我们经历过的弯路，早日树立正确的手绘观念，勤学苦练，成为"中国设计"的一员！

罗剑 ROJEAN

罗剑 (ROJEAN)

中共党员
毕业于郑州轻工业学院工业设计系
上海工业设计协会会员
中国手绘设计同盟论坛版主（bbs.shouhui119.com）
黄山手绘工厂创建人（www.hsshouhui.com）
曾出版《创意——工业设计产品手绘实录》，清华大学出版社
个人网站：www.rojean.net

设计实践与社会活动

2002 年　获中国电信北京奥运公共设施电话厅设计入围奖
　　　　　河南科技文化艺术节，作品《磁悬浮越野车》入围并展出模型作品
　　　　　获大连大显全国手机设计大赛现实组入围奖，概念组获二等奖
　　　　　接受河南省郑州晚报、郑州商报专访
2004 年　为青岛海尔设计直板 S 系智能手机，从 Design 至 Model
2005 年　参与吉利美日外形改进设计
2006 年　公司自主研发智能 PDA，整体外观以及开合方式打破常规，此设计参与德国 IF 评比
　　　　　作为上海工业设计协会挑选出来的 10 位设计师，代表上海与上海英国领事馆人员一起组织 WORKSHOP 设计交流活动
2007 年　全面设计制作北京丰田汽车以及红旗轿车延伸产品、礼品设计
　　　　　为欧洲最大的手机游戏厂商（法国 IN-FUSIO）设计制作企业网站
　　　　　为中国某大品牌全新打造企业形象设计
　　　　　接受台湾设计杂志 m-style 专访
2008 年　参与荣威汽车导航仪交互 UI 设计
2010 年　携手奥地利百年历史水晶制造商施华洛世奇设计世博礼品

李羽

高端艺术图书经纪人
从事版权经纪多年，目前居住厦门

经历

曾任 CGFinal 网站主编及 CGART 电子杂志主编
《幻想艺术》杂志市场经理
　　在多年的艺术媒体生涯中，始终站在设计艺术的前线阵地，同时积累了广泛的人脉，为目前的高端设计图书策划打下了基础，曾策划出版多本图书，包括：

- 工业设计手绘表现技法╳提案技巧
- 设计达人训练营:工业手绘表现技法与提案技巧
- 工业产品交通工具创意设计——基础提升完善
- 冯伟的暗黑CG艺术:顶尖游戏原画设计之全案解析
- ……

梁军

浙江大学工业设计系硕士研究生
黄山手绘创建人（www.hsshouhui.com）
"借笔建模"工业产品设计手绘教学模式创始人
黄山学院艺术学院产品设计专业教师
中国机械工程学会工业设计分会会员
中国设计师协会理事
研究方向：设计透视学、产品形态研究

设计实践与社会活动

2005 年　毕业于郑州轻工业学院艺术设计学院
　　　　　开始任教于黄山学院艺术系
2008 年　就读于浙江大学工业设计系
2009 年　获中国高校美术家协会作品展三等奖
　　　　　获"全国高校艺术教育名师奖"
2010 年　获"创意中国•第四届全国青年设计艺术双年展"银奖
　　　　　全国青年设计教育成果奖
　　　　　"古铜杯"创意铜陵设计大赛金奖
2011 年　入围德国红点奖

》|目 录

第 1 章　关于工业设计

002 | 1.1　工业设计
004 | 1.2　工业产品设计未来发展趋势
005 | 1.3　工业设计不是单纯的做产品外形设计
006 | 1.4　设计手绘图和纯艺术绘画的区别
006 | 1.5　一名工业设计师应该具备的素质
007 | 1.6　产品研发流程的几个阶段
008 | 1.7　工业设计手绘的重要性
009 | 1.8　工业设计手绘的发展过程
010 | 1.9　手绘与电脑辅助设计的关系
011 | 1.10　工业设计师手绘的要求
012 | 1.11　日常训练及出方案时的注意事项
013 | 1.12　产品设计手绘图的不同阶段类型

第 2 章　基本透视

016 | 2.1　一点透视
018 | 2.2　两点透视
020 | 2.2.1　绘制两点透视的产品
024 | 2.2.2　怎样通过两点透视关系推理来绘制完整的产品透视线稿图
027 | 2.3　三点透视
030 | 2.4　极限透视

第 3 章　基础练习之线条

032 | 3.1　第一阶段：水平直线绘制练习
032 | 3.2　第二阶段：直线练习之简单几何体
033 | 3.3　第三阶段：直线练习之复杂形体
034 | 3.4　第四阶段：弧线的练习
034 | 3.5　第五阶段：加强弧线练习
035 | 3.6　第六阶段：弧线终极训练
035 | 3.7　第七阶段：曲面练习
036 | 3.8　第八阶段：圆的练习
037 | 3.9　第九阶段：带透视的圆
038 | 3.10　第十阶段：圆与实际产品造型

Signal Source

Point of
Sound Creation

Focused Audio:

By moving the signal source to and from the focal point of the reflection dish
you control the spread of the cone of sound. This means you can focus the audio
on just yourself, or you can fill the room with sound.

John WILSON

HELLO!

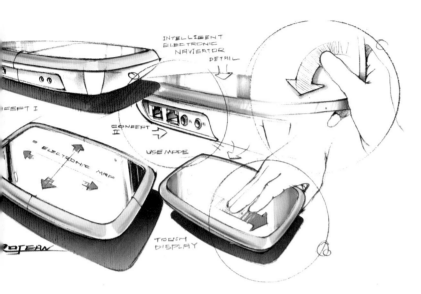

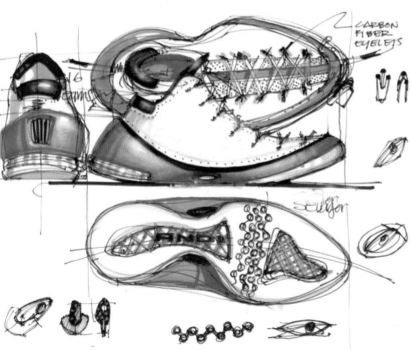

第 4 章 设计手绘工具的运用

040 | 4.1 手绘工具使用问与答
046 | 4.2 其他工具与技巧
048 | 4.3 小结

第 5 章 材质

050 | 5.1 金属材质
051 | 5.2 木头材质
052 | 5.3 透明材质
053 | 5.4 塑料材质
054 | 5.5 皮革材质

第 6 章 造型光影基础

056 | 6.1 光影
057 | 6.2 平行投影
057 | 6.3 中心投影
054 | 6.4 光影明度与常见造型
058 | 6.4.1 立方体光影
059 | 6.4.2 立方体倒圆角光影
059 | 6.4.3 圆柱体光影
060 | 6.4.4 圆球体光影
060 | 6.4.5 曲面光影

第 7 章 工业造型产品手绘表现详解

062 | 7.1 马克笔起形风格
065 | 7.2 线条由浅到深递增绘制风格
067 | 7.3 背景衬托绘制风格

第 8 章 色彩与配色

070 | 8.1 色彩
078 | 8.2 配色分析
078 | 8.2.1 产品与背影
079 | 8.2.2 配色原则

081 | 8.2.3 具体配色方法
082 | 8.2.4 色彩与构图
084 | 8.2.5 色彩与心理

第 9 章 上色

088 | 9.1 马克笔上色
089 | 9.2 彩铅上色
090 | 9.3 水粉上色
091 | 9.4 水彩上色

第 10 章 手绘技法表现之产品

094 | 10.1 GPS导航
096 | 10.2 PDA背视图
098 | 10.3 男士单肩包
100 | 10.4 便携式播放器
108 | 10.5 电动工具
110 | 10.6 概念手机
114 | 10.7 机箱
118 | 10.8 喷枪
122 | 10.9 手表
124 | 10.10 数据转换器
128 | 10.11 剃须刀
130 | 10.12 小型电动工具
132 | 10.13 概念眼镜
136 | 10.14 遥控器
138 | 10.15 阅读扫描笔
140 | 10.16 运动鞋
143 | 10.17 智能电子导航仪器
147 | 10.18 桌面案台

第 11 章 手绘技法表现之交通工具（非汽车类）

150 | 11.1 超酷城市摩托车
154 | 11.2 超酷机器人
161 | 11.3 概念摩托车
164 | 11.4 摩托车
181 | 11.5 沙滩赛车
188 | 11.6 小型概念越野车

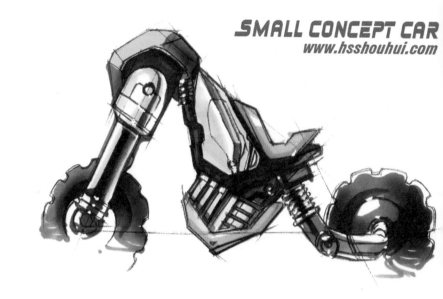

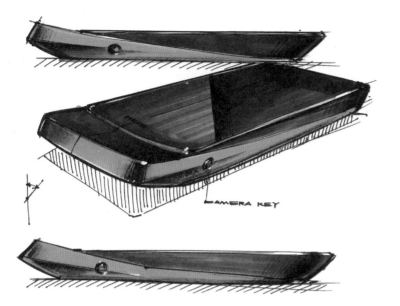

191 | 11.7 卸货机
195 | 11.8 游艇
199 | 11.9 中型概念越野摩托车
202 | 11.10 自行车

第 12 章 手绘技法表现之汽车外观与内饰

208 | 12.1 Chevrolet
210 | 12.2 SUV越野车
216 | 12.3 皮卡
219 | 12.4 超级跑车
227 | 12.5 多功能运输车
238 | 12.6 俯视多角度车体设计
240 | 12.7 敞篷汽车
244 | 12.8 豪华车
248 | 12.9 常规汽车
254 | 12.10 极限透视汽车
258 | 12.11 梅赛德斯奔驰
261 | 12.12 汽车内饰
268 | 12.13 汽车座椅
270 | 12.14 沙漠高性能越野车
273 | 12.15 小型超酷沙滩车
275 | 12.16 小型汽车双视图（侧视图、后45度视图）
280 | 12.17 迷你SUV
285 | 12.18 休闲跑车
293 | 12.19 概念越野车
295 | 12.20 运输大卡车
299 | 12.21 其他汽车

附录

306 | 附录A 设计生活与感悟
309 | 附录B 学员作品
326 | 附录C 设计师的修为提高与职业规划Q/A

第 1 章　关于工业设计

　　工业设计是融合了材料工艺学（这款工业产品的材料构成）、生产技术（量产一款产品的生产技术，到底是冲压钣金件还是模具开模、注塑等生产技术）、艺术设计造型、市场销售、文化背景等多种学科的综合学科。随着我国社会发展，经济文化水平提高，物质生活条件改善，人们对产品和环境的审美需求也逐步提高，产品（环境）除提供基本的实用功能之外，还应美观大方，适合人的生理和心理特点，并具有强烈的时代感和一定的文化品位，这既是人们的普遍需要，同时也成为了企业提高市场竞争力的迫切要求。因此，致力于提高产品外观品质和以人为本的工业设计专业在我国应运而生，并在短短二三十年的时间迅速发展，为众多企业、公司、科研单位输送产品设计、包装、展示和宣传等方面的综合型人才。工业设计的概念有狭义与广义之分，狭义是专指工业产品设计领域，广义的工业设计则包括了很多，比如产品量产后的包装、平面设计、广告设计等视觉传达设计领域及使用产品的环境设计、空间设计、室内外环境设计等领域。在工业产品设计方面，功能和形式的关系要协调好，在社会不断发展进步的同时，逐渐加入了人体工程学、市场学、环境工程学、语义学等研

究内容。现如今，信息时代在慢慢发展，随着工业时代向信息时代的转变，出现了非物质化倾向，产品设计领域慢慢扩展为产品体验设计、交互设计等。

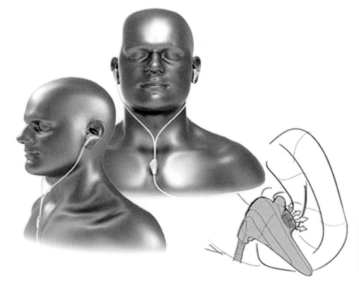

本书的核心内容为手绘，更专业的工业设计相关内容请参考本书姊妹篇《锻造卓越产品——工业设计从业指南与全案解析》，清华大学出版社。

工业设计是一种创造性的活动，其目的是为人们服务，以人为本，是产品、物品、过程、服务以及它们在整个设计过程中建立起来的一种完善的形式。因此，工业设计既是创新技术人性化的重要因素，也是经济活动文化交流的关键因素。

工业设计和科学技术密切相关，设计充分利用新技术、新材料、新工艺，使新产品更便利、更快速、更人性化。数字化将全面改变人类的生活方式。人性化就是说产品需符合人体工程学原理，尺度适当，适用舒适。

在操作方面，界面设计合理，用户不易疲劳，有良好的安全性，防止误操作，防止操作危险，产品易于维修、维护，便于产品软件升级。另外还有前面提到的，工业设计也包含了体验设计、个性化设计、通用设计、生态设计等。体验设计更加重视人的精神因素，强调人际交互界面和产品使用中的情感体验，以及通过产品和服务达到人与人之间信息与情感的交流。

个性化设计由大批量生产发展到小批量多品种生产，以及定制生产和DIY方式，充分满足不同人的个性化、多样化需求。通过适当的比例、对称、均衡、节奏、韵律、主次、对比等审美关系创造符合人们生活需要、方便人们生活体验的产品设计。

通用设计是指对产品的设计和环境的考虑时尽最大可能面向所有使用者的一种创造设计活动，设计不应该为一些特别情况而做出迁就和特定设

计，对具有不同能力的人，产品设计应该是可以让所有人都公平使用的。设计要迎合广泛的个人喜好和能力，另外还要简单而直观，设计出来的产品容易使用，而不会受使用者的经验、知识、语言能力及当前的集中程度所影响，能感觉到的信息，无论四周的情况或使用者是否有感觉上的缺陷，都应该把必要的信息传递给到使用者，设计应该可以让误操作或意外动作所造成的反面结果或危险影响减到最少，实际应该尽可能地让使用者有效地和舒适地使用。这种设计还要提供适当的大小和空间，让使用者接近、够到、操作，并且不受体形、姿态或行动障碍的影响。

生态设计强调保护地球环境，节省资源能源，追求人类社会的可持续发展。生态设计是一种考虑到产品在整个生命周期内对环境减少影响的设计思想和方法，也就是我们常说的绿色设计。

就现在形势而言，我国工业设计还在发展当中，工业设计行业比较发达的城市主要集中在北京、上海、广东、青岛等几个大城市当中，工业设计这个行业整体有待提高与升华，而提高与发展工业设计的前提是——我们应站在对自身情况全面了解的基础之上，知己知彼！所以首先要了解自身情况，这样才能更好、更迅速地发展这个行业，加快市场经济发展的步伐。有需求就有市场，设计是为了不断改善人们需求的一种行业，随着经济的增长，人们对设计的需求日益凸显。设计有它本身的趋势，简单地说设计是为了服务消费人群而生的一种行业。前面说到人们对设计需求提升，随着社会的向前发展，人们对生活的质量要求也越来越高，随之而来的就是对精神文化层面的要求，人们对设计，尤其是做为从事设计行业的人来说，对于产品设计的思考更为深刻。工业设计的对象不只是具体的产品，它的范围是很广泛的，对工业社会中任一具体的或抽象的、大的或小的、针对不同对象的设计甚至规划都可称为工业设计。工业设计不仅是一种技术，而且是一种文化，很多产品设计出来具有与众不同的文化内涵，有不一样的文化背景做支撑，比如 2009 年我给上海世博局设计的产品。为了迎接 2010 年世博会，这个产品要体现我们国家的文化内涵，体现世博的主题概念。同时，工业设计是一种创造行为，是创造一种更为合理的生活方式，比如我们现在看到的 iPad 平板产品，在生活使用方式上是一种改善。而"更为合理的生活方式"中的"合理"两个字指的是：让我们的生活更舒适、更方便、更快捷、更环保、更经济、更有益等。

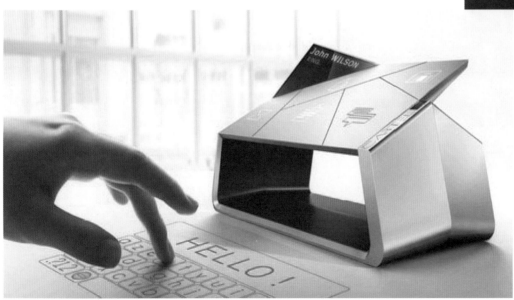

其实在我们的生活当中随处可见工业设计的影子，广泛的消费人群也在逐渐促进这个行业的发展，像之前说的，设计服务于消费人群，设计也分为情感化设计、有专门解决问题的设计等大的领域。

在技术与艺术相结合的最初阶段，设计师的思想、行为是不成熟的，我们回顾一下工业设计历史，工业设计发展至今，它已不再是我们常说的简单的艺术和技术的统一，而是工程技术知识、人机工程学、人文社科知识、艺术美学知识、市场营销知识和消费心理学等知识体系的有机结合。因为工业设计的对象是现代工业化条件下批量生产的产品，而产品又是为人服务的，所以它应该具备一定的使用功能，应该让人用得舒适，要考虑不同民族、不同地域、不同文化的人对产品的特殊要求及在不同文化习俗、生活习惯下使用产品的差异。

工业设计应该让产品更加具有欣赏价值，甚至给人心理上带来温暖，而不是冰冷、毫无感情的机器，这样就使产品容易为消费者所接受。对于产品设计中的种种要求需要多种学科知识的辅助、穿插、运用，而不仅仅是技术和艺术形式上的简单结合就可以完成的。

在现代社会中，工业设计给企业带来了更多的效益，很多企业越来越重视工业设计这个专业，由于工业设计在其发展过程中，最初仅仅被用作产品外观等设计领域，所以很多人会误认为工业设计是单纯在视觉上的一种造型工作。简单地理解就是让产品更加好看，工业设计是不是就等同于产品的外观造型设计？

其实工业设计的整体分很多环节，产品的外观造型设计只是工业设计的一个环节，是设计师在设计过程中运用多方面的知识，比如声学、心理学、人机工程学、材料学、语义学等赋予产品的一种外在的表现形式，是直接传递给消费者的，而这种形式背后的内容，工业设计所包含的内涵远不止这些。前面提到的那些设计当中要用到的知识点，就是蕴含在设计之中的知识，有一些产品甚至包括文化价值观念、市场需求等。

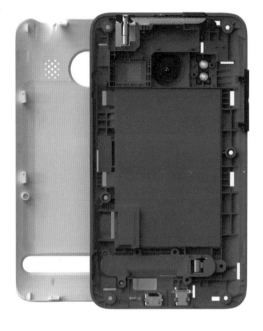

很多人会混淆工业设计的定义，工业设计的定义应该是：首先产品应该是批量生产的产品，经过设计考量，得出最佳方案，凭借好的加工工艺、量产的技术知识、设计经验及对设计造型视觉效果的拿捏，得出的一个或者多个设计方案，然后根据这个（些）设计方案、加以材料、结构、机构、形态、配色、表面加工以及量产后的组装、售后服务，这一整套流程下来才能叫工业设计。当然，作为工业设计师，也要对产品的包装、销售宣传、产品的展示、市场开发等领域有所了解，因为广义上讲这些领域也属于工业设计的范畴。

工业设计手绘效果图的画法和纯艺术绘画是不同的，在平时的设计工作当中，一个设计项目是有时间限制的。因此，在设计的前期讨论阶段的手绘前期草图、提案阶段效果图需要在规定的时间内完成。

> 我平时工作当中，绘制效果图有自己的表现方式，用笔、润色非常概括。不同的工具有不同的表现方式，它直接决定了画面的不同效果：线条疏密变化、笔触，色彩的混合与叠加等。单纯地练习线条、练习握笔姿势可能会比较枯燥，要有的放矢，可以结合实际效果图绘制来练习。

纯艺术绘画，比如油画，版画等，大部分情况下没有时间规定，可以依照自己的个性和喜好来画，设计手绘图则是要按照一定的规格、尺寸，并且所画产品必须是在三维空间中成立的，纯艺术绘画中的物体可以是矛盾空间的形体。

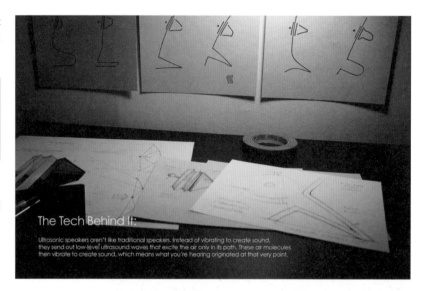

The Tech Behind It:

Ultrasonic speakers aren't like traditional speakers. Instead of vibrating to create sound, they send out low-level ultrasound waves that excite the air only in its path. These air molecules then vibrate to create sound, which means what you're hearing originated at that very point.

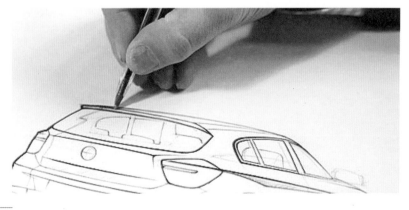

如果你想做一名设计师，请提前做好准备，设计是一个非常有挑战性的行业，这也是很多设计师喜欢设计的原因。做设计之前，要先做人。设计这个行业是一个要靠团队才能取胜的行业，所以，你需要有团队协作能力！另外，设计是永远没有顶峰的，只有历史和过去，因为社会在不断发展，人文环境在改变，科学技术在发展，这些因素会推动设计行业的进步，所有的设计作品属于过去，设计在不断更新，产品在不断换代中。

综上所述：作为一名设计师，要具备几大重要素质：首先是坚持和忍耐，能够坚持自己的设计理想并一如既往地去追寻，学会忍耐、忍受，能够耐得住寂寞，当设计做到一定的阶段，你会发现设计是一个相对其他行业比较寂寞的行业；其次是融合，设计是一个多元化的行业，需要你融合各个方面和各个行业的知识，并且要广泛地接触各个行业和人群，收集各种新鲜时尚的信息，有足够的能力接受新事物，从中吸收到新的知识并为己所用。

产品设计整个研发过程主要包含六个主要的阶段。

第一步，规划。确定目标市场，明确企业需要怎样的产品，要预想一个企业最终需要的产品目标，这个产品有哪些限制条件，比如生产成本、工艺条件等。

第二步，概念设计阶段。经过市场调研，确定了市场需求，开始启动产品概念设计，比如产品的外观设计、结构设计、材料运用，还要评估产品模具的成本、产品上市的市场占有率、产品在市场上的生命周期、产品的生产平台如何建立。

第三步，系统规划产品实际所需的元器件。

第四步，产品实际要用到的物料表、规格制定等。

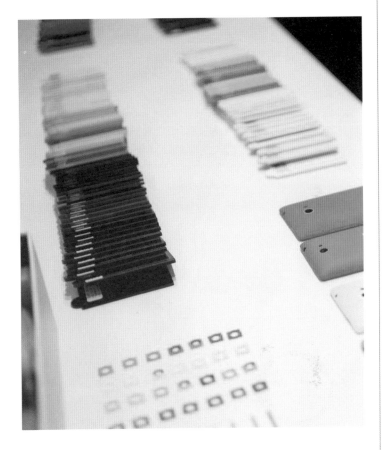

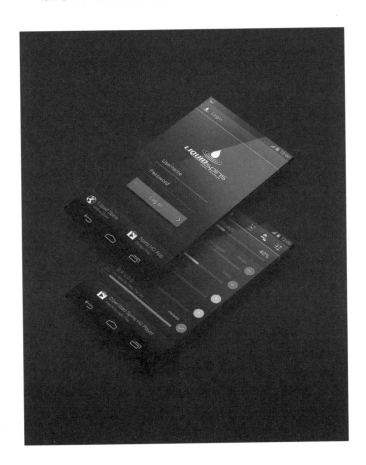

第五步，产品的细节推敲、确定零部件的形态。

第六步，测试。产品在量产之前需要做样机，拿着样机去测试，比如手机量产之前，要做出样机进行跌落测试、表面工艺磨损测试、待机时间测试等。经过不断测试以后，多方面问题要考量好，再进行量产。

　　工业设计这门学科的实践性很强,需要联系实际生产。一个设计项目启动,首先工业设计调研者通过对消费人群分析,对预想的工业产品进行研发设计,需要符合市场需求,设计以人为本,产品设计出来要协调人、产品、环境之间的关系。一件产品从调研到量产,特别是模具的投入很大,所以一个产品在进行量产之前要经过反复论证、讨论、修改,而讨论修改时需要产品手绘图,手绘效果图是作为设计前期的讨论媒介,在整个设计流程当中,我们还要制作草模、产品的手板等,在这个过程中手绘具有不可替代的作用,是每一个设计师必须掌握的基本能力。熟练掌握了手绘能力可以让设计师在设计交流过程中准确而快速地表达设计思维。

　　从 20 世纪 90 年代到现在,不管是在平时生活中还是在课堂上,总会有人问:"手绘的重要性。"对于工业设计产品设计师来说,手绘是设计师应该具备的最起码的素质,能够用手绘来代替语言交流,用手绘描述心中所想,因为画由心生,当然手绘也能反映情感,能当做与设计师互相交流、探讨问题的媒介,说的概括一些,手绘也是设计师感知世界万事万物的触角,当你在进行设计发散思维的时候,这些发散思维由我们大脑控制,如果不具备一定的设计修养和生活阅历,很难有出色的作品手绘出来,好的设计手绘应该能起到贴合产品思想、记录设计,并且能阐述设计理念的作用。

　　一张好的手绘作品,其实并不仅仅是画得好,因为设计手绘大致分好几种:记录想法时的手绘要迅速,准确抓住你的设计想法,表达出那种一瞬间的设计灵感,表达出你的真实思想,如果达不到快速抓住瞬间灵感的要求,就没有什么太大的意义了;而提案时的手绘需要精细,注意到每一个细节,以及材质的表现等,甚至使用这个产品的场景都要表现出来。

GPS navigation instrument
www.hsshouhui.com

　　首先，工业设计作为一门综合性很强的学科，随着工业领域的不断发展而发展。新的工艺，新的材料，新的科技软件，新的潮流无时无刻不在影响渗透着工业设计。工业设计师平时看的资料不能局限于本专业，还要去留意最新的建筑流行趋势、平面色彩流行趋势、首饰流行趋势、服装流行趋势等。作为工业设计当中传达思想的手绘，也是随着时代的发展而发展的。国内的工业设计手绘就像中国其他行业一样，也在不断更新。20世纪90年代初到90年代中期，国内老一辈的设计师最开始用水粉、绘图纸来表达效果图；90年代中期到2000年左右，国内设计师一般都使用水粉、尺规、水性马克笔，先画好底色，再用尺规画产品本身，高光也是用毛笔配合白色水粉来完成；2000年到现在，一般采用酒精马克笔加水溶性彩铅和色粉配合实用，或者用水笔勾勒线稿，直接用酒精马克笔上色，更加快速有效。

　　单看各种工具本身并没有好坏之分，各有优势，但如果某种工具配合另外的工具使用，与特定的画面背景结合就有了优劣好坏之分。水性马克色阶变化大，很难融合（过渡色阶不是很均匀），导致产品某个局部过渡笔触比较明显，很难过渡柔，笔触快速在纸面上移动后容易磨损纸面等劣势让水性马克笔慢慢退出了历史舞台。

　　而水粉由于不易快速使用，工具繁琐（水粉笔、毛笔、水桶、抹布等一大堆工具），有时容易造成桌面杂乱，用水粉绘制的效果图放久后由于磨损，效果不容易保存，也慢慢淡出人们的视线。

　　如今国际比较流行的就是酒精马克笔加水溶性彩铅的组合，画好后如果要做进一步的渲染可以将其扫描，然后用Photstop，Painter或者Sketchbook这些计算机绘图软件进行深入渲染。

　　如果我们只是单纯表达一个设计效果图，把它当作一幅图来画，用什么工具都无所谓，而如果要做到专业，自然是需要符合当今社会发展趋势，与现在的时代特征结合。

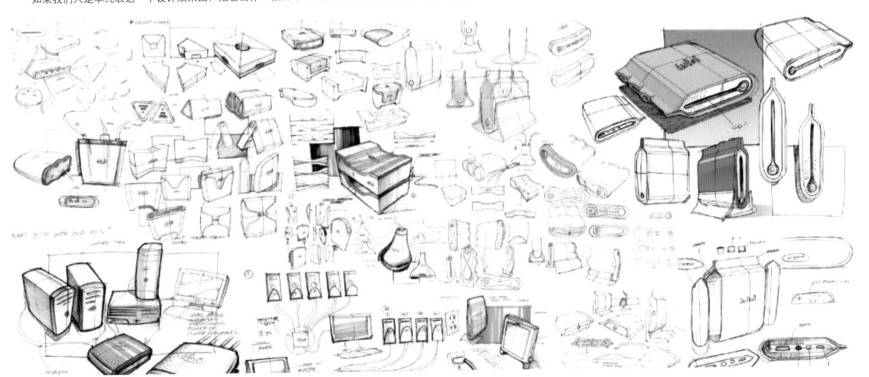

手绘设计与电脑设计的目的是相同的，都是为了表现产品设计的理念，而对某个产品设计的诠释。手绘和电脑设计效果图都是对这个产品量产之前的描述，只是两者所采用的表达方式不一样，从思维的角度来看，两者同为设计师展示的创造性思维，没有高低优劣之分。

电脑的特点是设计精确、效率高、便于更改，还可以大量复制，操作非常便捷。但随之而来的缺憾是进行某些方面的设计时，难免比较呆板、冰冷、缺少生气，不利于进行更好的交流。

而手绘设计，通常是作者设计思想初衷的体现，能及时捕捉作者内心瞬间的思想火花，并且能和作者的心意同步。在设计师创作的探索和实践过程中，手绘可以生动、形象地记录下作者的创作激情，并把激情注入作品之中。因此，手绘的特点是能比较直接地传达作者的设计理念，作品生动、亲切，有一种回归自然的情感因素在里面。另外，手绘设计的作品有很多偶然性，这也正是手绘的魅力所在。

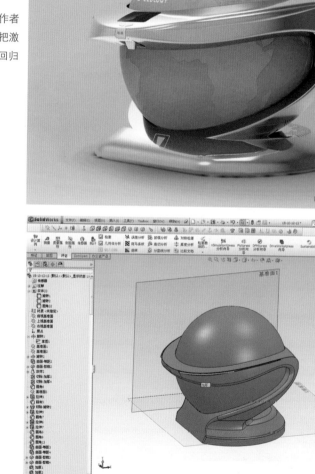

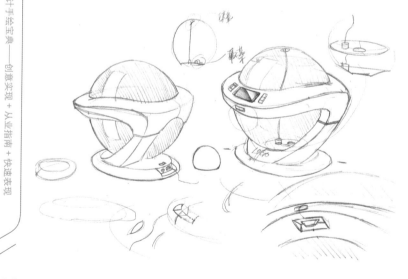

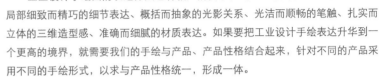

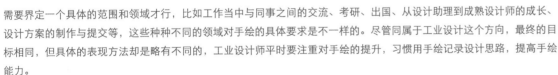

专业的工业设计师需要在平时的工作当中画出一手专业的工业设计手绘。专业不是单指画出来的图漂亮，关键是要表达清楚设计概念，能够清晰地陈述你的设计。工业设计手绘表现要求的是画面精致、构图巧妙、造型美观、评论方案实用、材质工艺表达清楚、可靠等。

工业设计手绘图的表达方法也有相应的要求，对工业设计产品效果图中各个局部细致而精巧的细节表达、概括而抽象的光影关系、光洁而顺畅的笔触、扎实而立体的三维造型感、准确而细腻的材质表达。如果要把工业设计手绘表达升华到一个更高的境界，就需要我们的手绘与产品、产品性格结合起来，针对不同的产品采用不同的手绘形式，以求与产品性格统一，形成一体。

与其他专业领域表现方法一样，工业设计手绘也有着一定在要求和标准。对于标准的树立，

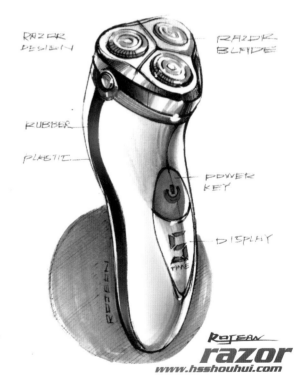

需要界定一个具体的范围和领域才行，比如工作当中与同事之间的交流、考研、出国、从设计助理到成熟设计师的成长、设计方案的制作与提交等，这些种种不同的领域对手绘的具体要求是不一样的。尽管同属于工业设计这个方向，最终的目标相同，但具体的表现方法却是略有不同的，工业设计师平时要注重对手绘的提升，习惯用手绘记录设计思路，提高手绘能力。

首先要明确能够达到：要把手绘能力熟练到能够随意捕捉瞬间的灵感，将脑海中的设计想法以及眼前闪过的精彩亮点用纸面记录下来，作为设计初期的推敲、探讨的媒介、设计后期提案和深入研究的载体。也可以把手绘作为收集创作素材的一个很好的手段，将对自己有启发的各类事物细节、思想片段用手绘的形式记录下来。

手绘到了产品设计阶段，可以作为快捷的手段，直观地对各种方案进行尝试，找到符合自己设计初衷的、最合适、最能说明问题的设计形式。掌握好手绘，是作为与同事，设计师以及设计主管进行交流的媒介，方便沟通交流和方案评审，还要能表达出给客户看的、经过相对精细渲染的效果图。

不得不承认，手绘可以提高设计师的艺术修养，激发设计创作的欲望与激情，是设计师应该具备的最起码的素质。设计师不是绘图员，就像我们所说的艺术家不是画匠一样，设计师是要解决生活中的问题，让人们的生活变得更加美好，把手绘练好，可以更好地辅助你的设计，帮助你更好地表达出你的设计，能把自己的想法随心所欲地画出来是每一位设计师都会去追求的目标，也是设计师必须具备的基本能力。

其实这个问题换一种更现实的说法可以是：在设计公司或者企业里面怎样才可以更快的升职？我们建议，在工业设计效果图训练过程当中，可以适当画一画其他领域的东西，也就是工业设计领域以外的东西，比如人物、动漫领域、建筑领域、服装领域等、这些都是可以帮助工业设计产品效果图更好地发挥，我们可以从不同领域汲取其长处，并在工业设计手绘中加以巧妙运用，但要记住归根到底这一切都是为工业设计服务的，在平时练习当中，不能喧宾夺主、舍本逐末，要遵循一定的规律，用正统的方法把握好工业设计效果图的绘制，以此表达出设计理念，在设计中游刃有余地发挥。

在工作当中有部分设计师，往往把一个方案当作一张画来画，要知道工业设计不是纯艺术，工业设计中的问题探讨不是一张简单好看的画就能解决的，不顾工艺、不顾成本、不顾形态本身的创新度，只顾视觉效果（在汽车行业这个问题比较突出），对于工业设计本身来说，这是不可取的。工业设计真正的作用，是一个有创新度的三维实体，这其中包括产品的功能、界面、造型、材料、质感等。在纸面上的天马行空如果不顾及切实的设计本身，最终的结果只能是一幅好画，而不是说明设计问题、阐述设计思想的图稿。我们可以想象一下这些形容词"夸张的透视，神秘的气氛，飞舞的线条，绚丽的色彩"，而如果在模型当中，把所有这一切渲染气氛都去除，发现剩下的可能只是一幅很普通的外壳，甚至稍显平庸。设计师应该在设计效果图表现和阐述设计思想，说明产品后期工艺生产等，要符合手绘效果图的表现方法和审美，而不是用写意的方式去画工业设计的效果图。

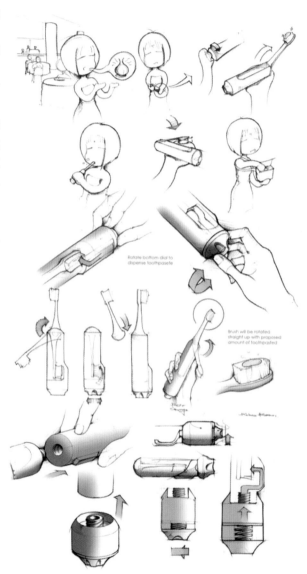

深入草图

一个设计方案经过前期构思阶段，思维发散过后，慢慢开始收，要进入设计讨论阶段，设计公司设计项目时，常常会把多个方案草图汇总在一起进行探讨、对比，这个阶段的手绘图称作深入草图，需要同事之间通过深入草图明白彼此的设计思路，因此和构思草图有所区别，产品设计的造型细节、配色、材质表现等要表达清楚，让人一看就明白。深入草图方案可能是多个，最少也是两到三个，这要看方案的需求量而定。

构思草图

这个问题要配合产品设计整体流程来说：一个设计在初级阶段，需要设计发散、头脑风暴，这个时候的手绘图可以归为构思草图，比较简略，这些草图只要设计师本人能看懂就可以，因为这个时候还没有到和其他设计师交流设计思想意图的阶段，只是自己的一个初级构思。这个草图可以省略产品设计造型细部、具体配色等，只要表现出大概形态和产品设计的主要特征就可以。在绘制构思草图时，因为要快速表现、记录构思，所以可以不限定工具和表现方法，有人比较喜欢用圆珠笔，有的比较喜欢用水笔，有的习惯用彩色铅笔，有的甚至用记号笔，这些工具都可以。

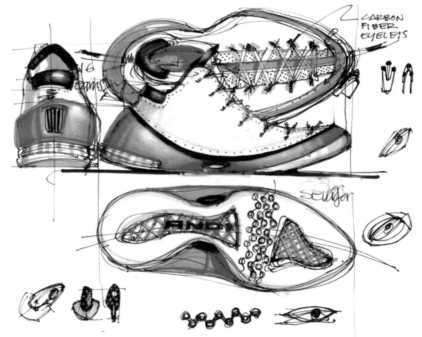

效果图

当深入草图方案经过一系列的对比，探讨出一个最终确定的方案时，就要进行最终效果图绘制。这时要充分展现设计的全部，必须准确表现出产品设计造型细节、结构细节、配色、材质质感等，不仅让设计师能看懂，还要让其他不是设计专业的人也能够看懂，最终效果图的幅面往往比较大，便于设计方案的讨论、修改。

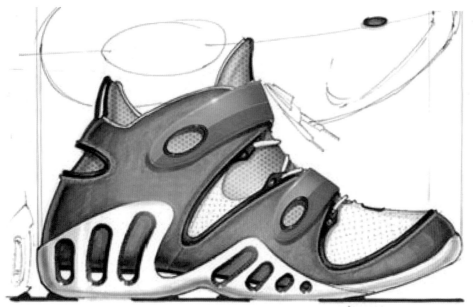

第 2 章　　基本透视

一点透视又叫平行透视，消失点只有一个，是物体的正立面和画面平行时的透视方法，正立面与物体本身比例一致，也可看做一个立方体与画面平行。在这里我们把立方体看做是一件产品，这个立方体与视线垂直，基本没有透视变化。表现汽车的全侧视图或者表现某个功能按键大部分集中在一个面上的产品时经常用到。如右图所示，A 为画面，B 为桌面，我们可以看到，立方体的三组线的两组分别与画面、桌面平行，另一组线则消失于视心，这种透视关系称为一点透视。

在画面中只有一个物体时，一点透视图所能表现的范围，如下左图所示，人的视线从 E 面和 F 面观察，观察视点在物体的左方、右方、中间三种不同位置。再根据眼睛（也就是视平线的位置）高度来看一个面，分别是上、中、下三个位置所能描绘的透视图如下右图所示，视点在多个物体的中心位置，这是一点透视的基本构图方法，图中正方体 B 是视点在物体下方的例子，要绘制在视平线之上也就是比眼睛更高位置的物体时，可以绘制这样的构图；正方体 A 和正方体 C 是视点位置在视平线之中，也就是说视点位置和人眼睛的高度平齐，当物体往左边或者右边移动的时候，这种透视关系最合适；正方体 D，物体在视平线下方，一般表现较小的产品时需要用到这种位置关系。

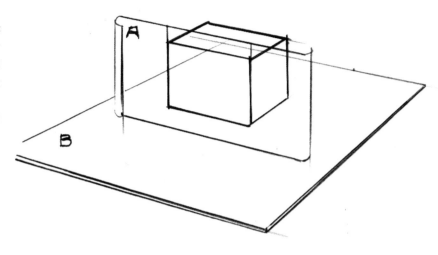

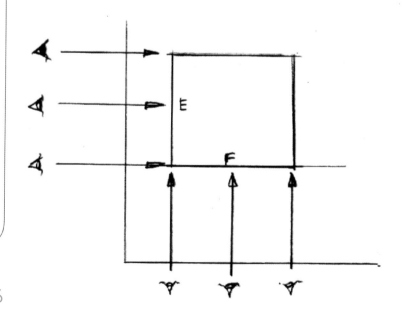

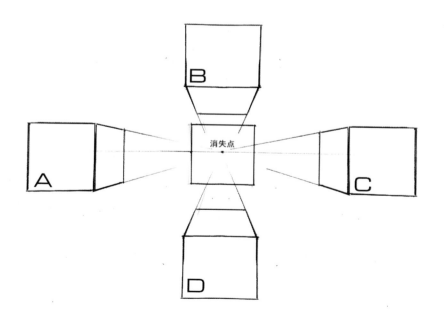

以汽车透视为例，用一点透视方式来绘制汽车有两种情况：一种是视平线在物体之中，人的视平线较低；另外一种是视平线在物体之上，人的视平线较高。这是常见的两种一点透视情况。

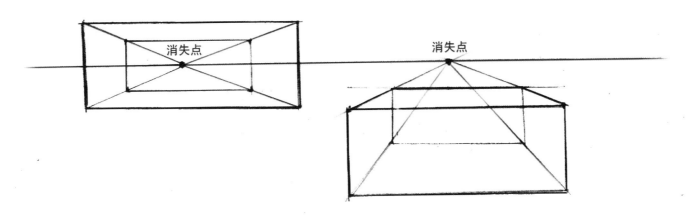

下图代表了这两种透视情况中的一种，这种一点透视表现纵深感强，表现范围也比较广泛，观者视线较低。

如下图所示，这个透视也属于一点透视，该透视人的视线较高，一般在表现物体顶面造型的时候比较常用。

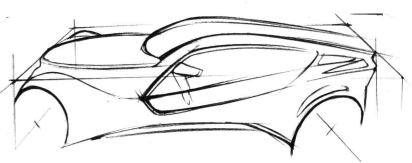

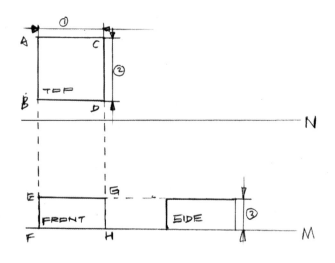

【问题】从一个物体单个视图尺寸怎样推理得出物体其他视图尺寸？如下图所示，以物体顶视图的一边（BD线）和画面线N线成平行状态，将物体放于画面线N线的上方，并以物体与桌面的交界线M线相接的状态描绘出物体的侧视图，把物体顶视图的深度线AB线与CD线延长到M线得到视图左右宽度1，再从侧面图水平移动物体的高度3，如此可得出EFGH的物体正视图。

2.2　两点透视 《

两点透视，又称作成角透视，有两个消失点。画面C与桌面D确定后，如左图所示，物体有一组垂直线与画面平行，其他两组线均与画面成一个角度，如右图所示，而每组有一个消失点，一共有两个消失点，我们绘制的物体向视平线上消失。两点透视图画面效果比较饱满，并且可以比较真实地反映物体的形态特征，所以也是手绘效果图中运用较多的一种透视关系。在两点透视中向两个消失点消失的透视距离称为纵深，穿过心点的一条与视平线垂直的线称为视中线，两点透视中的高度基准线称为真高线，两点透视中通过真高线下端点的一条作为地面基准的水平线，称作测线。

左图是画面C和桌面D的位置关系，右图是立方体和画面的关系，就一个立方体而言，它与桌面平行但是不平行于画面，即对立方体的三组线而言，一组线与画面平行，其他两组线不与画面平行，并形成夹角，如果以45度、75度、60度或任意角度来看都分别消失于左右两边的消失点。

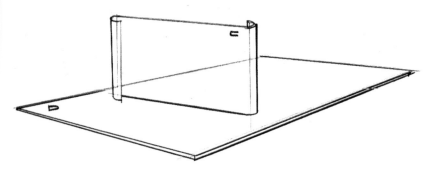

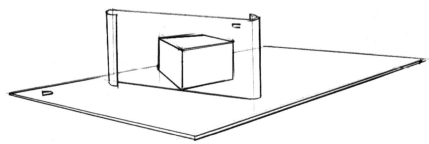

如下图所示长方体的两点透视关系，视平线在长方体之中，长方体的左右两组线分别消失于两端的消失点。

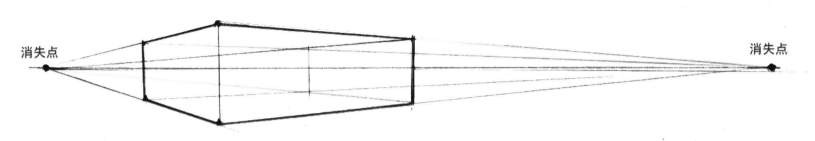

如下图所示，长方体的两点透视关系，视平线在长方体之上，长方体的左右两组线分别消失于两端的消失点。

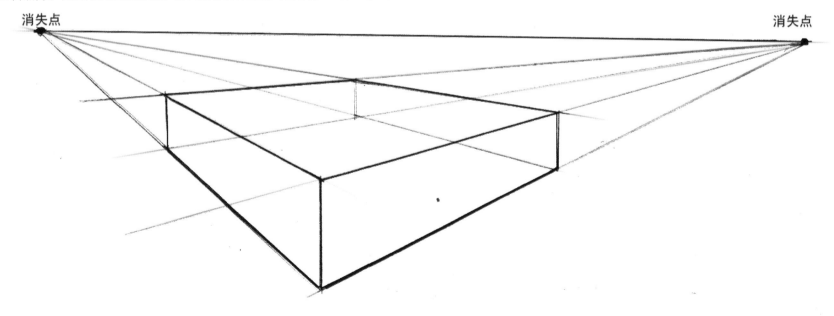

绘制一个两点透视关系的产品时该如何下笔？下面分解绘制两点透视立方体的步骤。

01 确定视平线位置，画出立方体中离人的视点最近的线，连接这根线上下两端，分别绘制出消失线（消失于左右两个消失点）。

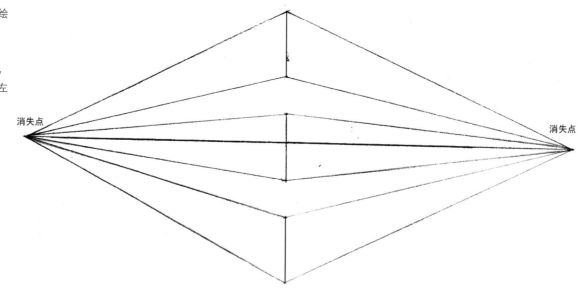

02 确定立方体纵深长度，绘制立方体相对靠后的那根线。

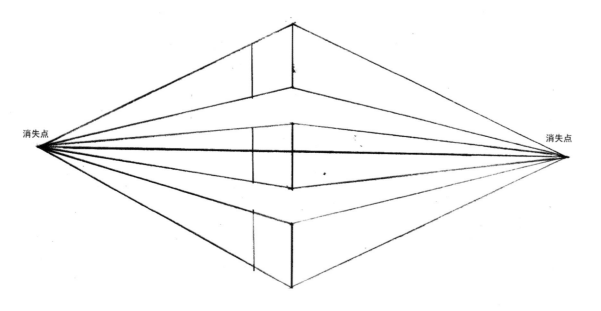

03 因为这个物体是一个立方体，所以画面中立方体
左边边线和右边边线是镜像关系，所以我们很快可
以得到右边的边线位置。

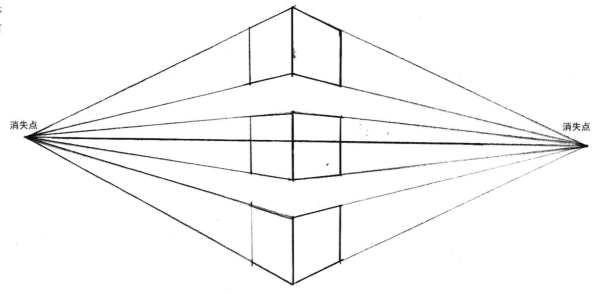

04 通过连接消失点，等得到中间这一组立方体以后，
再绘制其两边的立方体，同样画出立方体中离人的
视点最近的线，找到上下两个端点。

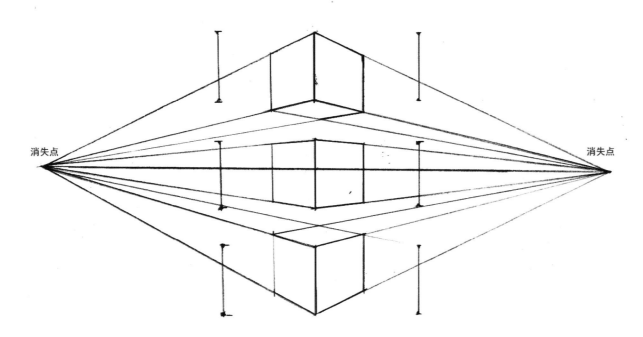

05 步骤4画出立方体中离人的视点最近的线，找到
这些线的上下两个端点，然后连接这个端点和消
失点。

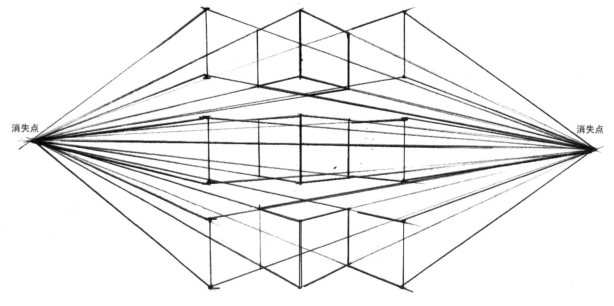

消失点

消失点

06 通过继续连接消失点，得到立方体其他几组边
缘线，图中三组立方体绘制完成。

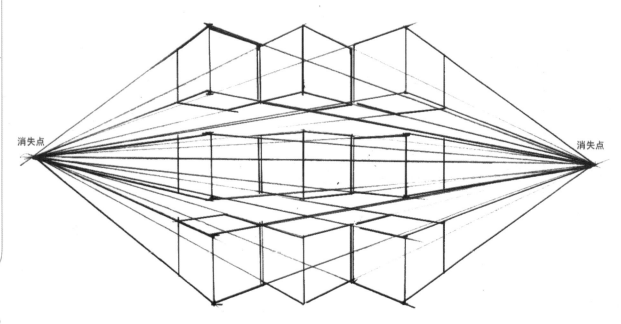

消失点

消失点

以汽车手绘为例，一种是视平线在物体之中。

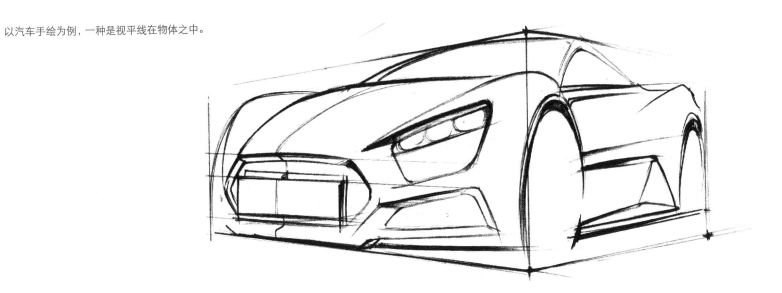

另外一种是视平线在物体之上。两种情况都是手绘中运用较多的，两点透视能最大可能地表现出物体的各个面。

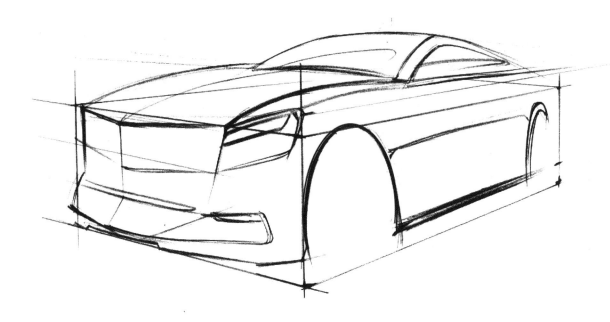

01 首先定出视平线位置，还有视平线上的两个消失点，绘制出物体的顶面。

消失点　　　　　　　　　　　　　　　　　　　　　　　　　　　　　　消失点

02 经过物体顶部的四个端点往下垂直延伸线，直到达到物体的高度为止。

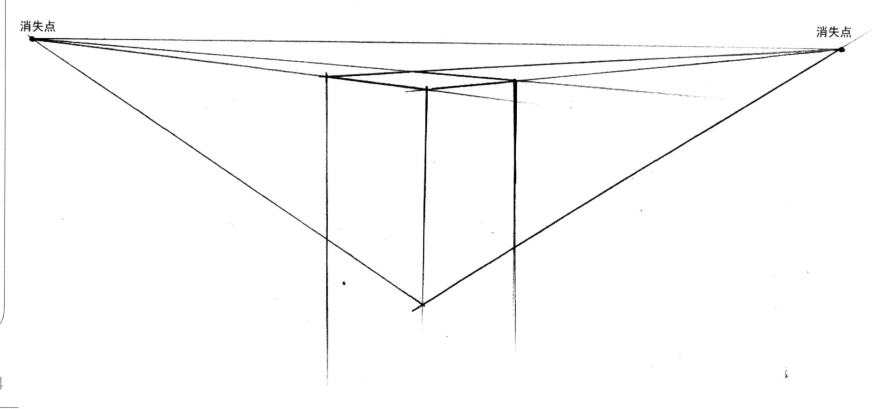

消失点　　　　　　　　　　　　　　　　　　　　　　　　　　　　　　消失点

03 连接左边的消失点，以消失线为辅助，绘制出物体左侧的圆角。

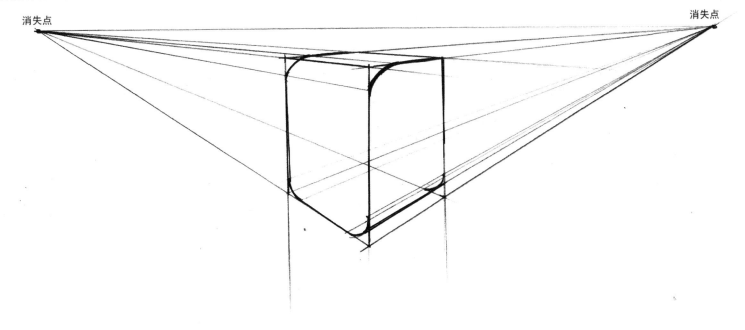

04 用同样的方法，绘制出物体下方的倒圆角。

25

05 绘制好的物体大形态透视以后，开始绘制物体里面的细节部分，细节中的每一根线都要符合两点透视关系。

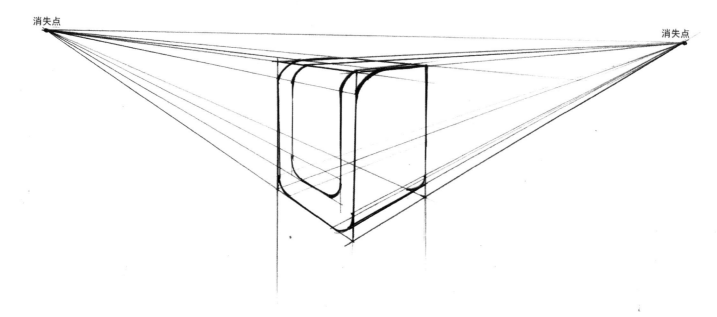

消失点

消失点

06 逐步画出物体其他细节。

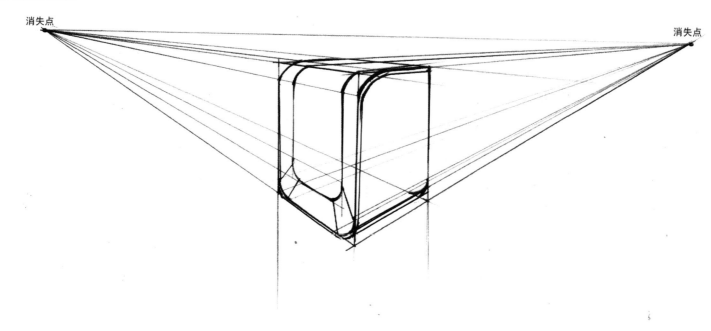

消失点

消失点

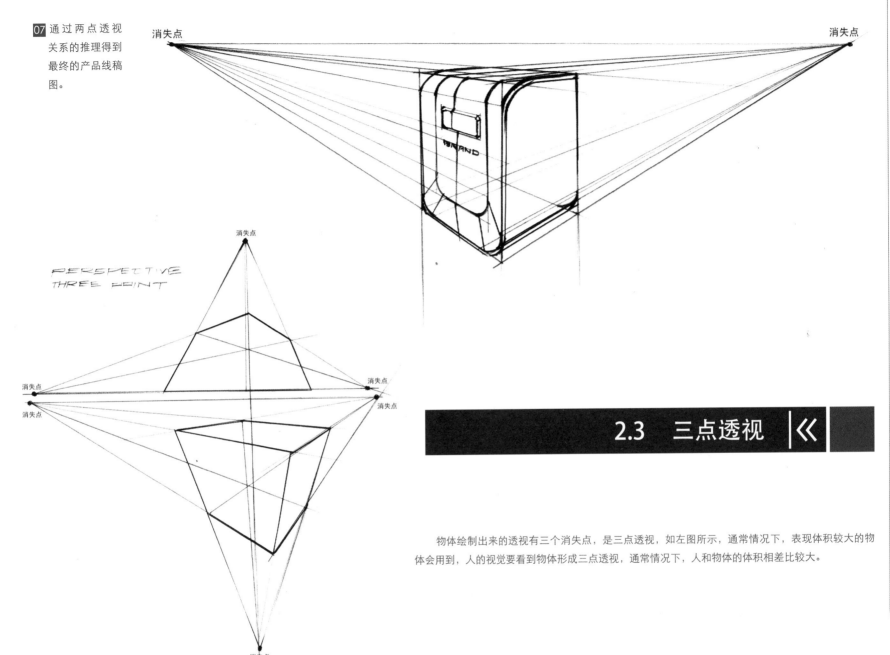

07 通过两点透视
关系的推理得到
最终的产品线稿
图。

PERSPECTIVE
THREE POINT

消失点

消失点

消失点

消失点

消失点

消失点

2.3　三点透视 《

　　物体绘制出来的透视有三个消失点，是三点透视，如左图所示，通常情况下，表现体积较大的物体会用到，人的视觉要看到物体形成三点透视，通常情况下，人和物体的体积相差比较大。

这里做一个不同透视关系的比较，相同汽车用不同的透视关系去观察会产生不一样的效果。由此体会透视关系的重要性，从不同角度去观察一个物体，会有不一样的透视关系，给人的感觉也是大不一样的。

右图是一点透视，给人的感觉是人的身高和汽车高度差不多，汽车高度稍微高一点。

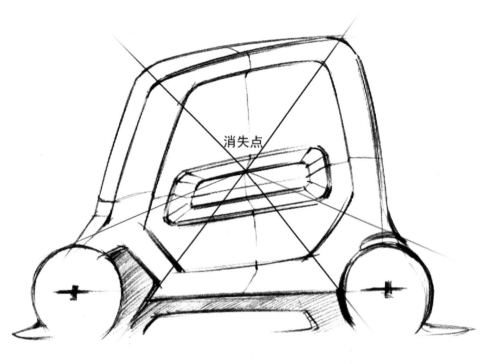

消失点

左图是三点透视，人的视平线压得比较低，物体视觉上容易显得很高大。

工业设计手绘宝典——创意实现＋从业指南＋快速表现

右图是两点透视，人的视平线在汽车之上，两点透视关系尽可能多地展现出汽车的几个面。给人的感觉是人要站在某个高台上看这辆车。

与上图一样，左图也是两点透视，但是人的视线比较低，在物体之中，给人感觉是平视这个物体，人的身高和汽车高度相近。

极限透视区别于一点透视、两点透视、三点透视，是一种比较特殊的透视关系，一般在表现物体某个局部细节的时候会用到，极限透视，给人感觉透视很急剧，从物体靠画面最近的部分到消失点收缩得很厉害。下面两个手绘图重点表现车尾部、后轮区域的细节特征。而右图所示，去掉汽车光影，只看汽车的单纯线稿，可看出消失线急剧的收缩状态。

第 3 章　　基础练习之线条

平时练习线条的时候，需要由浅入深，从易到难，可以从这个过程着手练习：

线条中最基本的直线→弧线→圆→透视圆

尽量保证线与线之间的距离相等，并且线条本身要直、挺。

一开始练习的时候速度可以慢一些，到后面可以逐步加快速度。

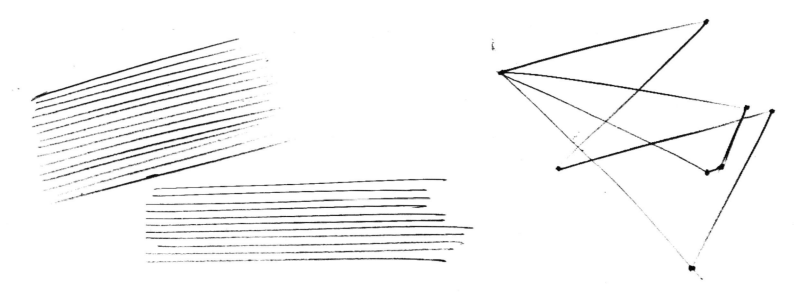

可以配合简单的几何体练习直线，比如立方体、长方体、椭圆体等。

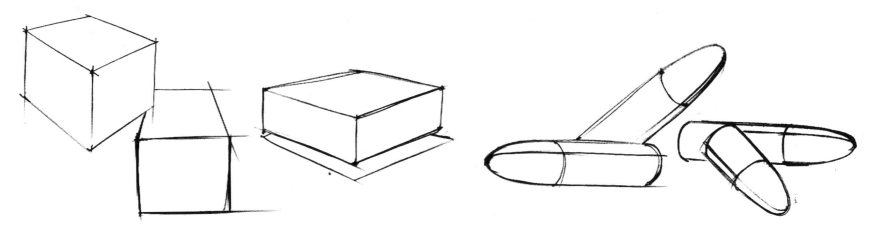

3.3　第三阶段：直线练习之复杂形体 《

运用直线来绘制相对复杂的形体，比如立方体上面再叠加一个立方体或者一个简单立方体切掉一块，然后把这个体块用直线表现出来。

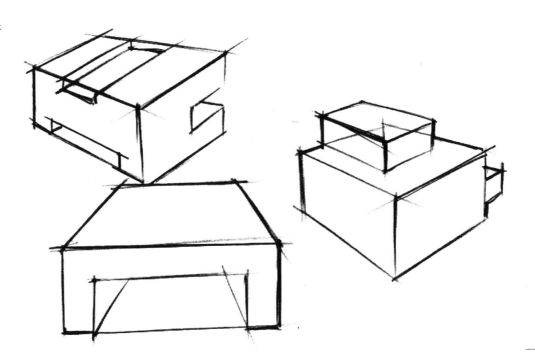

直线如果能熟练掌握就可以慢慢地进行弧线练习，大弧度如果掌握不好，可以先从小弧度弧线开始，速度放慢，先从同一个方向排弧线。

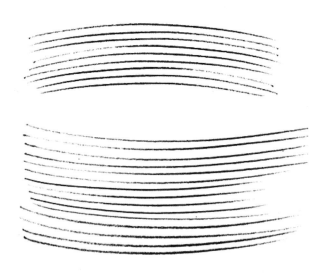

从各个方向绘制弧线，弧线与弧线之间的间距要一致。

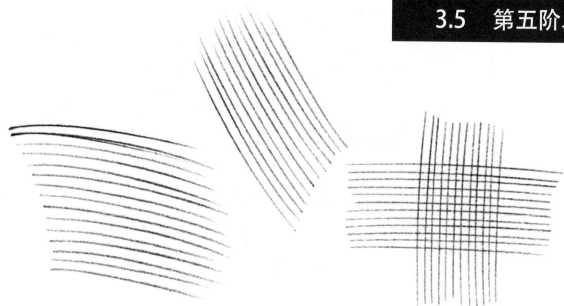

3.6　第六阶段：弧线终极训练　《

方向一致的弧线和不同方向的弧线都熟练掌握后，可以开始进行不同弧度的弧线练习，从弧度小的弧线到弧度大的弧线逐步过渡。

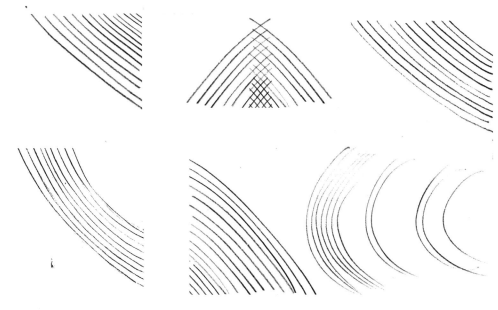

3.7　第七阶段：曲面练习　《

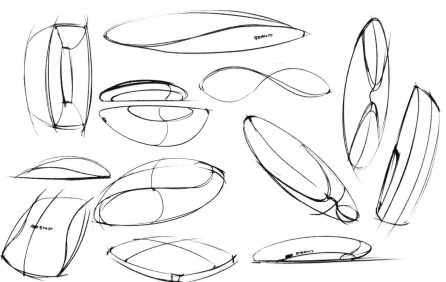

自己可以设计有很多曲面元素的产品，照着这些曲面的边缘线开始绘制，主要是把弧线练习运用到实际产品手绘图当中去，这个阶段的练习时间比例可以多一些。

　　圆在产品手绘图中运用也较多，比如一个产品中的圆形按钮、圆柱形造型产品等，这些都要通过练习画圆来加强。画圆时要注意速度和力量的协调。

在不同透视的情况下，圆的透视变化也不一样，画透视中的圆主要看这个圆附着在什么透视平面上，抓住这一要点就可以很容易掌握透视圆的绘制方法。

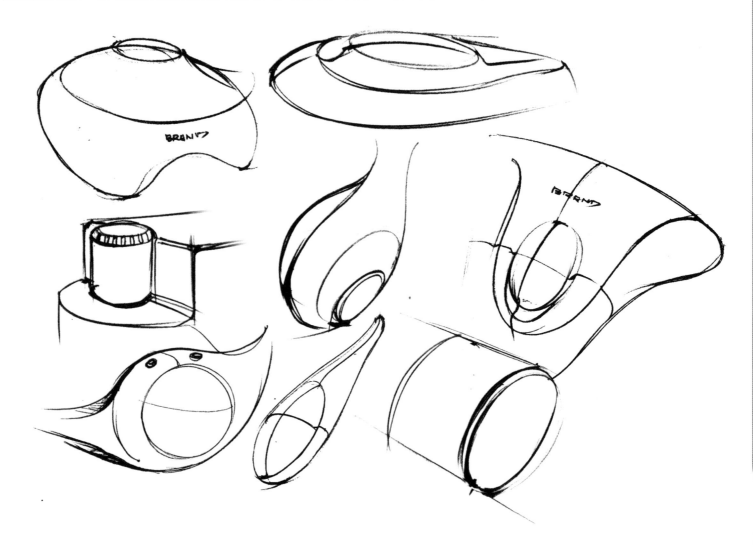

把圆的练习和实际产品的造型结合起来练习，多找一些以圆为造型或者产品中包含了圆形元素的产品，配合各种圆形透视练习，也可以把圆和前面讲的弧线结合起来进行绘制。

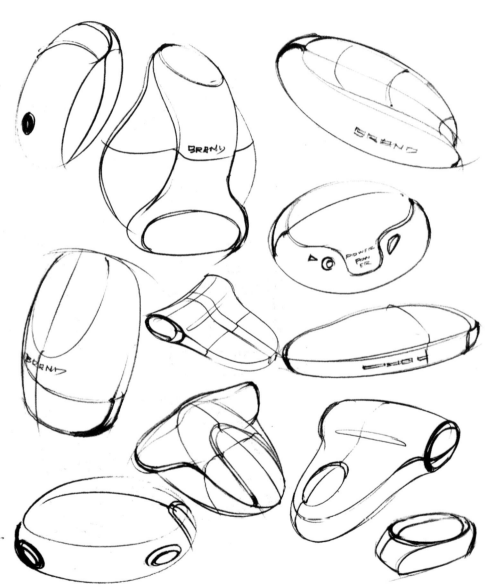

第 4 章　　设计手绘工具的运用

产品设计快速表现中，需要用各种丰富的色彩、纹路、肌理来表现产品的特质、材质、光影等，这可以增强产品效果图的表现力，现在画效果图的方法也渐渐从传统的用一大堆工具（如鸭嘴笔、界尺画图等）进化成用马克笔、彩铅的快速表现，方便快捷。所以对上色工具的选择以及运用要有一种新的认识。

要进行工业设计效果图手绘表现，工具的运用是影响画面效果的因素之一，但是工具始终是工具，是辅助你画图的，具体包括：纸、铅笔（HB、4B、6B等）、彩铅、钢笔、圆珠笔、水性笔、橡皮擦等。工具的选用取决于设计的产品是什么类型以及设计师所想要达到的表现效果。

一般情况下，铅笔、水笔、钢笔等适宜作清晰的线条，水粉笔宜于表现大面积。产品背景的大区域可以用大笔触，也就是毛笔、水粉笔来挥洒，而产品的细节部分则可用铅笔或水笔去勾勒，炭铅笔则是两者兼可使用的。

学生：平时画图时该用什么笔来勾线？

梁军： 画产品设计效果图的时候，前期需要勾勒产品的线稿，勾线用的笔有很多种，常见的有绘图铅笔、圆珠笔、针管笔、彩铅、水笔，不同的笔画出来线条感觉不一样：比如铅笔的线条流畅，能够控制线条的轻重粗细，层次比较多，容易把握，但是缺点是线条不够硬朗，在绘制产品手绘效果图的时候容易被手擦脏，画面会因此受到影响；水笔的线条清晰明确，干净利落，缺点是线条的粗细深浅没有什么变化，较难把握运笔的速度，线条的轻重缓急也不好掌握。

学生：手绘效果图的时候，纸张该怎么选择呢？

梁军： 要想画出一幅好的手绘效果渲染图，前期的准备工作必不可少。马克笔的一大优势就是方便快捷，所用工具也不像水彩水粉那么复杂，有纸和笔就足够了，笔指的是马克笔，纸，通常绘图用的有几种：

一种是**普通的复印纸、打印纸**（A3/A4），用来起稿、画草图。在这里不得不提到打印纸，打印纸是我们平时训练时经常用到的纸张，打印纸可用作彩色喷墨打印，这种纸正反两面颜色不同，它的基本特性是吸墨速度快、墨滴不扩散、保存性好，画面有一定耐水性、耐光性，在室内或室外有一定的保存性及牢度，不易划伤，无静电，有一定滑度，耐弯曲、耐折挏。彩色喷墨打印纸的表面质地非常光滑，能够体现比较鲜亮的着色效果，所以比较适合透明水色的表现。

不同品牌的纸各有不同，同学们在选购时要根据个人习惯进行选择。不过复印纸、打印纸的吸收颜色水分速度太快，不利于颜色与颜色之间的过渡，画出来的颜色往往偏重，不宜做深入刻画太精细的效果图。经验告诉我们，洁白、厚净、有纸纹的纸比较适合效果图表现。铅笔表现效果图时，画纸不宜用纸纹太粗的纸张，炭笔画效果图时，纸表面不能太光滑，而钢笔画效果图时，纸面要较光滑，还要有一定的吸水性。

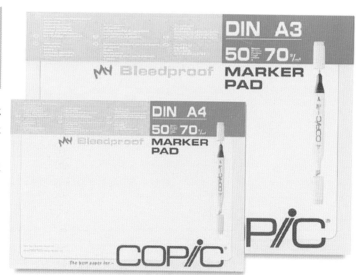

还有一种是**硫酸纸**，用来深入画正稿和上色。硫酸纸是非常好的纸型，在绘图中的纸张选择上，硫酸纸比较正规，因为它比较厚而且平整、不易损坏。在工作中实践证明，马克笔在硫酸纸上的上色效果相当不错。优点是让效果有合理的半透明度，也可吸收一定的颜色，可以用多次叠加颜色来达到满意的效果。

另一种是**马克笔专用纸**，针对马克笔与色粉绘制的专用绘图纸，纸张的粗糙度、硬度、厚度以及纸张渗透性适宜马克笔上色，对马克笔水分有较好的吸附性，能够保持马克笔笔触线条的流畅整齐，马克笔重复上色时，专用纸相对其他纸张不容易起毛。

还有一种是**色卡纸**，色卡纸是针对色粉、彩色铅笔、马克笔绘制的专用纸，纸面比较粗糙，纸质较厚，并且色卡纸最重要的一点是具有各种色调，经常用底色高光画法绘制效果图的设计师比较喜欢这种类型的纸张。

学生：铅笔有素描铅笔与彩色铅笔等，分别怎么用？

梁军： 相信很多艺术类的同学都画过基础素描、素描人物头像、素描石膏头像、素描几何石膏体等，在画这些基础素描的时候，用的工具基本都是铅笔。铅笔是最常用而方便的工具，初学者的产品表现课往往用的是铅笔，主要原因是铅笔在画线和造型中可以十分精确，又能较随意地修改，还能较为深入细致地刻划细部，有利于严谨的产品形体表现要求和深入反复地造型研究。同时铅笔的种类较多，铅笔笔芯有硬有软，画出的调子有深有浅，比较齐全，铅笔的色泽又便于表现产品手绘效果图调子中的许多银灰色层次，对于产品设计手绘基础练习效果较好，初学者比较容易把握，因此，较适合于基础训练开始时的应用。现有的国产铅笔分两种类型，以 HB 为界线，向软性与深色变化的是 B 至 6B，为了更适应绘画需要又有了 7B/8B，我们称为绘画铅笔。HB 向硬性发展有 H 至 6H，大多数用于精密的工业机械制图绘制、产品设计表现等领域。由于种类较多，因此，铅笔能很好地表现出层次丰富的明暗调子。

彩色铅笔也是常用的、容易掌握的绘图工具，具有一定素描基础的设计师，一般都比较喜欢用彩色铅笔绘图。水溶性彩色铅笔在专用的绘图纸上具有很好的表现效果，在复印纸面上也能画，但是复印纸表面光滑，彩色铅笔也比较滑，效果稍微会受到影响，彩色铅笔可以通过水的稀释和渐变涂抹，画出非常丰富自然的色调过渡和产品效果图上的细腻层次。彩色铅笔在绘图过程中也可用作勾线，非常方便。彩色铅笔在效果图手绘表现中起了很重要的作用，无论是对概念方案、草图还是最终的产品效果图，它都是一种既操作简便同时效果突出的优秀画图工具。

我们可以选购从十八色至四十八色之间的任意类型和品牌的彩色铅笔，其中也包括前面讲到的"水溶性"彩色铅笔，水溶性彩色铅笔可发挥溶水的特点，用水涂色取得浸润感，也可用手指或纸来通过擦笔迹抹出柔和的效果。设计师经过大量练习能很好地掌握彩色铅笔的绘图技巧。

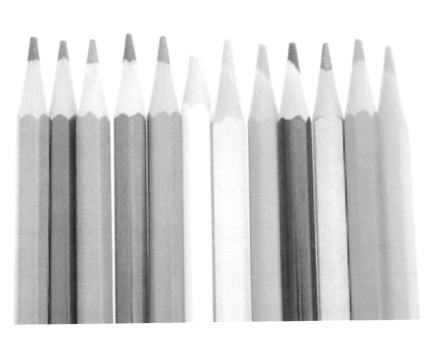

学生：炭笔的画图特点有哪些？

梁军：炭笔是一种质感很好的绘画工具，个人认为炭笔色阶表现的丰富程度远远超过了铅笔，而且在画产品效果图曲面光影变化的时候，还可以用手指涂抹画在纸面上的炭笔粉末产生柔和的色调层次，表现手段很丰富。但是炭笔的缺点是在纸面的附着力弱，碳粉会轻易地脱落，一不小心很容易弄脏画面，所以画效果图的过程中，最好配合素描定画液使用，画完之后喷一层定画液，这样就不会蹭掉画面中的炭笔痕迹了。炭精条比木炭条的附着力强一些，不过笔触手感稍微硬一些。炭铅笔结合了铅笔和炭笔的优点，比较适合刻画细部，画面中的笔触不会像铅笔那样产生反光，现在也有不少产品效果图的线稿是用炭铅笔来完成的。

学生：为什么说马克笔是一种比较常用的上色工具？

ROJEAN：马克笔是一种比较常用的上色工具，根据马克笔颜色成份，可分为水性马克笔、油性马克笔、酒精性马克笔、马克笔以其色彩丰富、着色方便、迅速成图，因此广泛受到设计师的喜爱。

(1) 马克笔笔头分扁头和圆头两种，扁头正面与侧面面积不一样，运笔时可根据产品中各上色区域的大小发挥其形状特征以达到自己想要的那种效果。圆头画出来的线条宽窄均匀，但是不足之处是难以在一些小局部区域上色，圆头没有扁头有那么多的宽窄面可以选择。

(2) 马克笔上色后不易修改，一般应该先浅后深，上色时不用一开始就将颜色铺满画面，要有重点地进行局部刻画，画面会显得更为明快生动。马克笔同一种颜色的叠加会使颜色加深，但是不宜反复叠加，如果次数过多则无明显效果，且容易弄脏画面颜色。

(3) 马克笔上色时的运笔排线与铅笔画线稿一样，也分徒手画与工具辅助画两类，应根据不同产品表现形态、产品材料、表现风格来选择不同的表现方法。

(4) 水性马克笔修改画面效果时可用毛笔蘸水洗淡，油性马克笔的颜色弄脏了可用笔或棉球头蘸甲苯洗去或洗淡。

(5) 酒精马克笔透明性强，易干，上色过渡性好，是当前使用较多的一种马克笔。马克笔虽然上色快捷、颜色清爽明快，但其挥发快，不宜涂抹大面积色块，平时要注意使用方法。在手绘的练习阶段我们可以选择价格相对便宜的水性马克笔，这类马克笔大约有六十种颜色，还可以单支选购。购买时，根据个人情况最好自行选择颜色，储备二十种以上，并以灰色调为首选，

不要选择过多艳丽的颜色。如果有的同学习惯用油性马克笔，那么可以选用 120 色、有方头和圆头、价格在十元左右的马克笔，水分很足，用起来很容易出效果。作为专业的产品设计表现，颜色至少需要六十种以上，画产品效果图最好灰色系要全。当然，马克笔也根据个人喜好而定，是酒精性、水性或者是油性马克笔依照自己的情况选择。

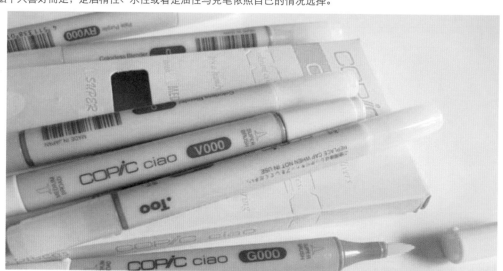

学生：怎么样能够更好地运用钢笔来画图，钢笔工具有什么特点？

ROJEAN：钢笔、针管笔都是设计师画线的理想工具，尤其有一定基础的设计师比较喜欢使用。在画线过程中要发挥各种型号的钢笔笔尖形状的优势，甚至可以用线的排列和线与线之间的组织来塑造产品中的明暗区域。钢笔排线还可以追求虚实变化以达到拉开空间的效果。钢笔工具也可针对不同产品的材质、肌理、质地采用相应的排线方法，以区别效果图表现中产品材质的刚、柔、粗、细。还可按照产品结构关系来组织各个方向与疏密的变化，以达到画面表现上的层次感、空间感、质感、量感以及整幅画面效果形式上的节奏感、韵律感。

钢笔可以归类为自来水型硬质笔尖的笔，平时练习画图时所使用的钢笔不一定要那种专业的，使用日常书写的钢笔绘画也可以。我以前用钢笔绘图的时候一般都会作一点加工：将钢笔尖用小钳子往里弯30度左右，这样画出来的线条比较有韧性，而且感觉纤细流利，把笔尖调换反写会加粗线条，粗细控制自如。其实钢笔这种工具简单、携带方便，用钢笔绘制的线条流畅、生动、富有节奏感和韵律感。钢笔勾勒出的产品线稿，通过其画出的线条自身的变化和线与线之间的巧妙组合表现产品手绘图。我个人认为钢笔工具比较适合平时的设计思想记录，一个优点是钢笔线条通过粗细、长短、曲直、疏密等排列组合，可体现不同的质感，容易快速表现出来，另外一个优点是钢笔画的线条非常丰富，直线、曲线、粗线、细线、长线、短线都有各自的特点和美感。画图时，要求提炼、概括出产品设计的典型特征，生动、灵活地表现产品的设计思想。

学生：针管笔相对于其他笔有什么不同？

ROJEAN：针管笔是各类绘图笔中笔头最为纤细的，针管笔有灌装墨水的专业针管笔，也有一次性的针管笔。灌装墨水的针管笔保养比较麻烦，画图时操作起来也较麻烦，而且每次快干的时候，需要重新注入墨水，使用不方便，所以用一次性的针管笔可能更加方便一些。一次性的针管笔有不少牌子都是不错的，平时画效果图的时候，针管笔要备好几种型号，用0.1、0.3、0.5和0.8，这些不同型号的针管笔直接影响着线的粗细，有了线型的变化画面才会丰富。针管笔在硫酸纸上挥发性好，画出来的线条流畅，而注墨水的针管笔画出来干得很慢，很容易蹭脏画面。

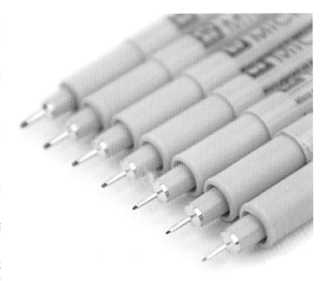

学生：效果图中的高光笔是怎么用的？

梁军：在绘制手绘效果图时还需要高光笔。白色水溶性彩铅、修正液等都可以归纳为高光笔的范畴，当然也可以用细小的毛笔蘸白色水粉颜料进行高光绘制。

学生：有一种工具叫鸭嘴笔，在画效果图的时候起到什么作用？

ROJEAN：20世纪90年代末，我在画手绘效果图的时候还用到过鸭嘴笔，现在可能很多同学都没有听说过这个绘图工具了。鸭嘴笔配合界尺使用，用来画效果图中的线稿、直线，鸭嘴笔画出的直线边缘整齐，而且粗细一致。

在使用时，鸭嘴笔不应直接蘸墨水，那样会弄脏画面，而应该用蘸水笔或是毛笔蘸上墨汁后，从鸭嘴笔的夹缝处滴入使用，然后再拧鸭嘴笔前端的螺丝，通过调整笔前端的螺丝来确定所画线条的粗细，螺丝拧得越紧，画出的线条越细，螺丝越松，画出的线条越粗。画直线时，握笔的姿势一定要注意，手握笔杆垂直于纸面，均匀用力从左至右横向拉线，注意速度不要太快，这样才能画出均匀的直线。不过鸭嘴笔这个工具使用起来不方便，每画一根线都要用毛笔蘸上颜料或者墨汁滴入鸭嘴笔前端的夹缝，有的时候滴不准，还要用纸巾擦干净鸭嘴笔前端部分。再次强调，鸭嘴笔画线一般要配合界尺来画。

学生：听说还有一种笔叫蘸水笔，这是一种专门的笔类吗？

ROJEAN：前面讲到鸭嘴笔使用时提到了蘸水笔，蘸水笔分类没有清晰的界限，一般油画笔、水粉笔都能用作蘸水笔。蘸水笔的种类较多，笔尖的粗细及形状各有不同。蘸水笔也可以用来直接画线，我们可以根据所画效果图内容的不同选用不同粗细的蘸水笔。有的笔尖弹性很强，可根据下笔用力的大小而画出粗细不同的线条，有的蘸水笔弹性较弱，轻轻下笔就能得到较粗的线条，画出的粗线条比较圆滑，最适合画轮廓线。有的蘸水笔笔头是小圆形，圆笔尖适合画很细的线条，但下笔用力的话和其他几种笔尖的蘸水笔一样也能画出较粗的线条，变化自如。总之，依照画图过程中的不同情况，要得到什么样的效果，就选用不一样笔头的蘸水笔。

学生：喷笔，在画效果图的时候是一个什么角色呢？

梁军：喷笔画图法是以前经常用到的一种方法，喷笔的运用方法是通过气泵的压力将笔内的颜色喷射到画面上。喷笔画图需要用到遮挡纸，其在画面中的造型效果主要是依靠遮盖后的余留形状得来。喷绘制作的过程是喷和绘相结合，对于一些产品的细部和场景、使用环境等的表现是先用喷笔然后再借助其他画笔来绘制。喷绘作品画面效果细腻、明暗过渡柔和、色彩变化微妙、逼真。喷绘的操作要领主要是细心，要做好充足的准备工作。完成一幅高质量的喷绘产品效果图，不仅要对喷绘工具非常了解，而且喷绘的技巧也要熟练掌握。在产品效果图中，喷绘技法和常表现的地方有：

(1) 表现大面积色彩的均匀变化，比如吸尘器的上盖大面积区域。

(2) 表现曲面、球体明暗的自然过渡，比如圆球、曲面造型的产品。

(3) 表现光滑的地面及其倒影，比如要画出某个产品的使用环境，如产品放置在光滑的地面上，会用到喷笔。

(4) 表现玻璃、金属、皮革的质感，特别是玻璃的光感和金属上柔和的光影。

(5) 光在产品使用场景氛围的视觉营造表现等。

产品效果图喷绘技法的程序和要求有以下几点：

(1) 先浅后深，留浅喷深，先用喷笔喷大面，后用其他工具画细节。

(2) 色彩处理力求单纯、统一，再在统一中找变化，不宜在变化中找统一。

(3) 多注重画面大色块的对比与调和，忽略单体的冷暖变化。

(4) 先强调画面中主体内容的明暗对比，削弱主体产品周围的产品及配景的对比反差。

(5) 产品转折处的高光和光源处理要放在最后阶段进行。高光不要全是白色，应与物体固有的色相和在空间里的远近以及与光源的距离相适合。

(6) 喷柔和质感效果时，不要见到曲面就喷，只喷几处重点区域，光源、环境光不喷为好。

(7) 喷笔使用的专用颜料务必搅匀，以免堵笔，喷出的颜料在纸上要呈半透明状。

(8) 产品线框底稿要求线条轮廓准确清晰，不要有看不清楚的地方。

(9) 喷笔画的修改必须谨慎，如果是大面积的修改最好洗去重喷，一般情况，洗过的地方也会留下痕迹，故重新喷色的地方最好将颜料调稠一点，第一遍干透后再喷第二遍，或者可不洗，直接在原来上好颜色的区域内上用笔改色，改后再用喷笔喷出相近的颜色。

学生：色粉在画效果图的时候，其特点是什么？

梁军：色粉是工业设计效果图中常用的表现工具，色粉的特点是色彩淡雅、过渡自然、对比柔和，色粉对于3C产品和大型交通工具中大面积的明暗、退晕的处理均能发挥其优势，一些大曲面上的光影过渡、色彩过渡等可用色粉来表达。色粉粉质细腻，色彩也较为丰富，尤其是在深灰色色纸中画图，色粉更能显现出过渡柔和的作用。

色粉的使用方法是先把色粉刮成粉末，然后混入适量的婴儿爽身粉，调和均匀，用面巾纸蘸上适量调好的粉末，在纸上勾勒好的线框区域内进行涂抹。画完后，最好喷上固定液，防止粉末蹭掉。但是色粉很难表现很细小的形态变化，运用色粉画出来的整体画面给人感觉较软，所以在工业设计效果图表现中可配合炭铅笔或马克笔作画。

用色粉画图步骤过程：

第一步：先用木炭铅笔或马克笔在纸上画出产品设计的线稿图，记住要精细，并且明暗等细节造型均须充分表现出来，遇到有暗部深色要果断下笔。

第二步：产品线稿素描关系完成后先在受光面着色，类似彩色铅笔，可用遮挡纸作局部遮挡，第一遍上色粉不宜过厚，对大面积变化可用手指或面巾纸抹匀，精细部位则最好使用马克笔尖头的部分进行擦抹塑造，这样既可处理好色彩的退晕变化，又能增强色粉在纸上的附着力。

第三步：画面中产品整体大效果出来后只须在暗部提一点反光即可。画面中不要将色粉上得太多太乱，产品效果图表现要善于利用色纸的底色，因而事先应按产品设计内容、产品的使用场景，选好符合色调的色纸。

前面讲到固定液，这里再强调一下，当运用色粉进行绘制，整体效果图完成以后，最好用固定液（定型剂）喷罩画面，防止色粉粉末蹭掉，便于效果图的保存。

提到色粉画法，又不得不说一下色粉画法所需的工具：

调色盘，最佳选择是瓷制纯白色的无纹样餐盘（因为有纹样的盘子容易干扰你的视线），并按大、小号各多准备几个。

盛水工具，小盆或小塑料桶等作为涮笔工具。

画板，常用的是那种普通木制画板，里面是空心的，以光滑无缝的夹板为好。

画效果图时如果想让姿势更加舒展，还要备一个画图桌，可以支起一个角度，让画面倾斜一些。

水溶胶带或乳胶，这是裱纸必备的封边用具。

吹风机，我们在效果图画好后，为了尽快让画面干透，经常会用到它。

小块洁净毛巾，擦笔用（色粉画效果图经常会用水粉笔蘸白色颜料画高光），也可以用其他棉制的布品代替，涮笔后在布上抹一抹，以吸除笔头多余的水分，为后面的上色做好准备。

学生：画工业设计手绘效果图时的其他工具还有哪些?

梁军：画工业设计效果图想在一定程度上提高工作效率，使用的画图工具都必须以方便易用为主，除了常用的各种笔、纸张以外，还有一些其他的画图辅助工具：尺规、橡皮等。

1. 尺规

无论是前期概念设计手绘还是提案时的精细手绘效果图，虽然大部分情况是以徒手绘制为主，但在平时训练时和效果图方案表现中也时常需要一些尺规的辅助，尤其是遇到长直线、长曲线的情况，尺规也能够让产品中的线条更加准确，图形更规整。在实际效果图表现中尺规辅助有时也可以在一定程度上提高工作效率。常用的工具有直尺、丁字尺、三角板、曲线板、圆模板等。

但是设计师过多依赖尺规画图，会让自己的画线框能力减弱，同时依赖尺规画图也会影响手绘时的思考和设计思维的发散，但如果是为了纯粹的设计效果图表现、效果图提案，还是需要尺规来辅助画图的。

笔的运用一般分为两种情况，就拿铅笔举例，运用铅笔画图有两种类型，一种是徒手画法另一种是工具画法。徒手画和工具辅助画出来的效果不一样：徒手画出的线条生动，过渡微妙，可表现复杂、质地柔软且造型圆润的产品；借助工具画出的线规则、单纯，宜于表现长线条，大块面铺色和平整效果，如果遇到塑造透明材质或者具有高光材质的产品，在上色时为了体现材质的质地力度感、轻快性，而且又不破坏图形的轮廓，可利用直尺、曲线尺辅助绘制完成。

2. 正圆 / 椭圆模板

正圆模板、椭圆模板属于尺规的一类，是在画比较精细的效果图时的工具，我们平时见到的是单片的圆形模板，圆模板还有一种是成套的椭圆尺，有大型、中型、小型三套，每一套都有几十片椭圆模板，每一片椭圆模板的直径角度都不一样，是从小角度到大角度的过渡，这是比较专业的尺规作图工具。一般情况下，在做交通工具设计时，如汽车前期概念设计时就经常用到这种成套的椭圆模板，随着汽车角度变化，轮胎的圆弧透视也会发生变化，这时就需要成套的椭圆模板进行辅助绘制，不过这种成套的椭圆模板在文具店很少见到，只能是在某些专业的设计用品工具店里面看到，读者可根据自身的情况进行选购。

3. 橡皮

在画工业设计产品效果图时，对基础薄弱的同学来讲，橡皮是必备的保险工具，绘图时以平、软的方形橡皮为好。常见的橡皮有可塑橡皮和白橡皮几种类型。

不过不到万不得已，手绘效果图快速表现中不建议使用橡皮，因为会产生一定的依赖性，设计师会依靠橡皮去修改自己的效果图画面，而不是靠笔直接修改，这样对自己的设计思考连贯性会有影响。

4. 修正液

从严格意义上讲，修正液并不能算作是手绘工具里的一类，但是在绘图的时候也会用到，比如效果图画面中比较小面积的错误，可以用修正液，再如产品设计的标注说明等。修正液也可当做高光笔来使用，不过效果没有用小毛笔蘸白色颜料画高光的效果好。

5. 水彩

水彩画法是 20 世纪 90 年代手绘效果图表现中最常见的着色技法之一，现在也有不少设计师喜欢用水彩着色画产品效果图。读者在平时练习当中可以尝试用水彩进行着色。常见的水彩颜料有十八色的那种，一般效果图用 A3 或者 A4 大小的打印纸、复印纸，用水彩纸效果会更好。配合水彩画法的纸、水彩纸的种类有哪些呢?

要是用吸水性不好的纸，对水彩画效果图的效果很难得到充分的表达和发挥。尤其是当水彩水分较多时，会看到纸的颜色，所以一定要思考好，选好纸的颜色跟质料。为了能够充分表现水彩的特色而特别制造的纸就是水彩纸，至于纸张的颜色，一般文具店有蛋白色跟稍微白一点的颜色可选，至于纸张表面，光滑无纹和细纹的都有。

水彩价格较为便宜，另一大好处是可渲染，切记要使用厚一点的纸张，由于水彩是透明的颜料，万一出了差错是盖不住的，所以一定要想好了再下笔，由浅入深。

水彩具有透明性好、色彩淡雅细腻、色调明快的特点。运用水彩技法着色一般由浅到深，不过亮部和高光需预先留出，绘制时要注意笔端所含水量的控制，水分太多，会使画面水迹斑驳，水分太少，色彩枯涩、透明感降低，影响画面清晰、明快的感觉。

水彩技法表现工业设计手绘图时画笔笔触的体现也是丰富画面的关键。运用提、按、拖、扫、摆、点等多种手法，可以让效果图画面更加生动。

6. 透明水色

用透明水色画效果图和水彩画的效果相似，透明水色是一种特殊的浓缩颜料，也常被应用于产品手绘表现中。目前许多美术用品商店都可以买到这种颜料，有大、小两种形式的品牌包装，色彩数量为十二色以上，注意用透明水色画效果图时，画板要平放在桌上，然后由明到暗、由浅到深，从产品的受光部分向暗部画。

透明水色的几种画法：

晕染法： 因为透明水色可以一层一层地上颜色，所以在没有造成画面很脏的情况下可深入很多次。产品效果图多层次晕染法就是用透明水色由亮到暗一层一层地逐步晕染上去，以透明水色为主，每次都是在第一遍颜色干后再画下一遍色，反复晕染。晕染的时候需要用到两支笔，一支用来蘸清水，另外一支用来上色。要注意的是，在上色前要保留空白的部分涂上适当的清水，然后再画要上色的部分，不在画面中留水痕。在产品的暗部区域有反光效果，可适当地加入水粉色。透明水色这种画法画浅颜色的产品最合适。透明水色的最大优点是可多次反复深入，运用留出画面空白的地方和恰到好处的上色手法可极为真实精细地表现产品的材质和配色。

平涂法： 透明水色的另一种较为常用的方法就是平涂法。多层次的平涂法仍是以透明水色为主，不过要根据产品的结构组合关系，配合产品的造型，由明到暗，由浅到深一层一层地平涂上色。透明水色的平涂法每次都是在前一次颜色干后再涂下一次的颜色，这个方法基本与前面讲到的晕染法相同，所不同的是多层次晕染法每次涂的色根据光源照射在产品之上，有明暗深浅变化，而多层次平涂法每次涂的色基本没有明暗深浅变化，是用一层平涂色盖另一层平涂色，以不同层次的平涂效果来表现产品各个面的质感和体积感。与透明水色晕染法一样，最后在暗部区域可适量地加入水粉色，以表现产品的体量感及效果图画面的整体氛围。这种方法在工业设计产品效果图、交通工具效果图、产品使用场景效果等方面应用广泛，可以达到整体画面干净、利落、透明的上色效果。

在这里注明一点的是透明水色颜料对画纸的要求比较严格，因为透明性颜料没有遮盖力，其最亮部分的亮度就是画纸本身的白度，色彩的浓淡纯度是靠水分的多少来调节的，也就是说色彩浓淡的纯度是取决于笔触蘸了多少水。产品效果图上的配色的微妙关系是靠多层次的着色与晕染制造出来的，所以纸张起着重要作用，运用透明水色画效果图在选择纸张时，一定要经过水分浸透的试验，看是否合乎透明水色上色的要求。

7. 丙稀颜料

丙烯颜料的特性和水彩、水粉不同，丙烯颜料根据其稀释程度的不同可以画出区别很大的效果。在调和丙烯颜料的过程中，多加一些清水可以画出淡如水彩的效果，少加清水可以画出浓如油画笔触般的效果。通过丙烯颜料画出来的画面干燥后耐水性较强，可重复做色彩重叠，丙烯颜料常常用在手绘墙、产品手绘宣传广告等方面，在纸面上的产品效果图绘制上用的比较少。

丙烯颜料上色很少出现色彩不均匀的现象，使用起来较为方便，但干燥较快，容易损伤画笔以及调色板等工具，因此使用丙烯颜料作图后要记得及时清洗画具。

水彩表现以及透明水色表现中我们还要用到毛笔类的画具，常用的有大白云、中白云、小白云、小红毛、叶筋，当然还有板刷。

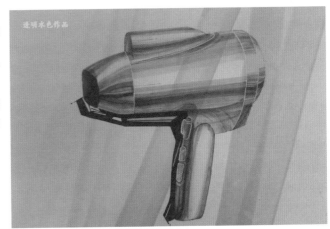

　　表现效果图的常用工具是铅笔或者水溶性彩铅，铅笔层次过渡较多，并且整体感觉比较柔和。

　　练习手绘草图，基础薄弱、基本功不扎实的读者，可以多临摹一些作品，风格按照自己喜欢的来就可以了。手绘草图主要是把自己要表达的产品概念表达清楚，用图说话，草图画出来应该清楚明白。平时笔者画草图一般都用彩色铅笔，主要是笔芯软硬刚好，色彩又好，马克笔用 COPIC 酒精马克笔，水溶性好，比较耐用，当然价格相对其他马克笔贵一些。也可以选择油性的，一般 Touch 就不错，完全可以满足画图的需要。水性的也不错，主要还是看怎么选择，但是基本上都可以满足绘图需求。水性马克比较难控制，对笔法和线条要求颇高，需要有一定基础才能把握好。

　　水彩分为不透明水彩和透明水彩，所谓的不透明水彩是指传统树胶水彩画颜料，一般我们所说的水彩颜料指的都是透明水彩，透明水彩顾名思义，就是可以通过反复涂抹，颜色与颜色互相叠加，可以清楚看见下层的颜色，如果可以将下层的颜色盖住的就是不透明水彩，有些类似于水粉的效果。

　　总结一下工具的使用经验：表现产品效果图的用笔，不管是什么类型的笔触，都不要过多的反复修改，在下笔之前必须做到胸有成竹，意在笔先，并对产品中各个面的用笔方向、明暗深浅事先有一个基本计划。在画图过程中，明暗对比是通过从浅到深逐步加深实现的，但步骤也不宜过多，两到三遍即可，有的地方能一次到位最好。铅笔，一般选用 4B 左右的铅笔来作图，尽量少用橡皮擦。

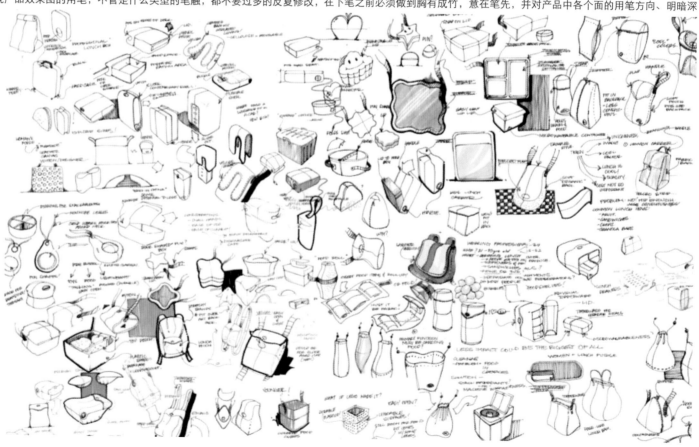

第 5 章　材　质

　　金属材质的产品外观都具有强烈的高光和反射，高光比较尖锐，且光感强，高光范围往往较小，并且能够反射周围环境。金属材质的产品中分不锈钢材质、铝合金材质等，不锈钢表面感光度高，并且反映周围色彩十分明显，在受光与反射光之间略显本色（各类中性灰色），抛光金属几乎全部反映环境色彩。为了显示本身形体的存在，作图时可适当地、概括地表现其自身的基本色相（如浅灰色的外轮廓、灰白的镜影）以及产品本身的明暗。

　　金属材料的基本形状有平板、球体、圆管与方管，受各种光源影响，受光面明暗的强弱反差极大，并具有闪烁变幻的动感，刻画用笔不能太板，运用喷笔画出退晕笔触和马克笔干枯的时候用枯笔快擦有一定的效果，背光面的反光也极为明显，需要特别注意物体转折处、明暗交界线和高光的夸张处理。

　　金属材质大多坚实光挺，为了表现其硬度，最好借助靠尺或者纯手绘快捷地拉出率直的笔触（如使用喷笔，也可利用垫高的靠尺稳定握笔手势）。对曲面、球面形状的用笔也要求下笔果断、流畅。

　　抛光金属柱体上的灯光反映及环境物体在柱体上的影像变形有其自身的特点，平时练习要加强观察与分析，找出上下左右景物的变形规律。

　　总结：要表现金属质感的产品，注意产品上明暗过渡要柔和，在光源的照射下对比要强烈一些，在处理金属表面光泽度较强的产品时，要注意高光、反光和倒影的处理。画面中的笔触应该尽量平整，甚至可以借用尺规来表现。根据金属对比度的强弱又可以分为几类：亚光金属、电镀金属等。亚光金属的对比弱、反光弱，电镀金属材质的对比强烈、光泽感强，基本上完全地反射周边的环境物体。在效果图表现中，遇到电镀金属材质的产品，要把其周围的产品或者场景反映在该材质上。

木头材质一般是表达原生态、自然、古朴、有一定文化气息的产品。实际生活中，木头材质的产品一般情况下都是木头纹理自然而细腻，而且木头材质的产品表面都会上一层油漆，和油漆结合可产生不同深浅、不同光泽的色彩效果。产品效果图表现中的木纹刻画要有一定的木纹特征表现：一，木纹中带有树结状线条可以以一个树结开头，沿树结作螺旋放射状线条，线条从头至尾不间断；二，细纹平缓状线条，这种纹路弯曲折变而不失流畅性，木纹纹路排列有一定的疏密变化，并且节奏感很强，在木质产品表面纹路中，可以在适当的地方作不同韵律的纹路变化，可以增强木纹的真实性。

木头材质的颜色由于生产工艺当中有染色、油漆等工艺流程，可发生变化，市场上各种有木质材料的产品大多数情况分成：偏黑褐色（如核桃木、紫檀木），一般高档音响等电子类产品会用到这种木纹颜色；偏枣红（红木、袖木），一般案台产品会用到这种颜色的木纹；偏黄褐（樟木、柚木），一般各种家居产品会用到这种木纹颜色；偏乳白（橡木、银杏木）等颜色。

大面积的木纹材质表现

01 如果是体积较大的产品，要表现其木纹材质，轮廓线可用直尺画出，然后向同一方向开始平涂，对同一大块的颜色可以做一些变化，比如部分木板颜色渐变加重、打破其单调感，让画面整体更加有变化，画带有转折面的木纹材质产品，底色也可提前留出部分高光。

02 选择颜色较深的马克笔，比如棕色马克笔，用尖头部分画木纹。

03 画出产品中木纹材质和其他材质交界线下边的深影，以加强立体感，再用直尺拉出由实渐虚的光影线，把整个木纹材质串连起来增强整体性。

小面积的木纹材质表现

01 徒手勾画产品中木纹材质外轮廓线，而木纹的变化也是随着外轮廓线的变化而变化，但不是所有木纹都是相同方向的，要适当画出变化起伏，遇到带有弧度造型的产品，上底色时注意半曲面体的受、背光的明暗深浅变化。

02 适当地刻画、点缀木纹中的树结纹理，加重明暗交界线和木纹材质下的阴影线，并衬出反光。

03 如果遇到产品中有局部露出木头的情况，需要强调木头前端的弧形木纹，不过需要随原产品的各种造型起伏拉出边缘反光的光影线，这种徒手绘制的木纹材质效果，刻画用笔除了选择粗犷、大方、大气的风格以外还要使用精细刻画风格的用笔。

　　玻璃材质的表现需要用到硬度较高的铅笔，用比较细腻的笔触刻画，在线条方向上也是有讲究的，玻璃材质最好是用水平或者垂直的线条来表现。玻璃材质除了用硬度较高的铅笔进行刻画以外，还可以先用软芯的铅笔铺色，再用橡皮擦平，然后用硬芯铅笔铺一遍，盖掉反光，注意铺色的时候要细腻。

　　现在市面上见到的很多产品材质各种各样，不过产品中最常见到的材质是塑料材质，与前面讲到的金属材质相似，塑料材质分为光泽塑料材质和亚光塑料材质，光泽塑料材质反光强烈，并且光泽塑料材质的产品有比较多的色彩变化，亚光塑料材质对比较弱，没有什么反光。

　　皮革分为亚光效果的皮革和有光泽感效果的皮革，亚光皮革对比弱，只有最基本的明暗变化，没有什么高光，而有光泽感的皮革产生的高光也不会很亮，皮革在画的时候要注意明暗过渡，因为皮革本身质地是比较柔软的，所以明暗过渡地越柔和，这种柔软感觉就越容易体现出来。

　　一般情况下，皮革材质的产品没有什么尖锐的造型，靠厚度来体现，有一种柔软感。在画皮革材质产品的效果时，需要体现出材质的柔软性。

　　另外，皮革有一个很重要的元素，就是制作皮革材质产品时缝制的线缝，这个元素是体现皮革质感的重要组成部分。

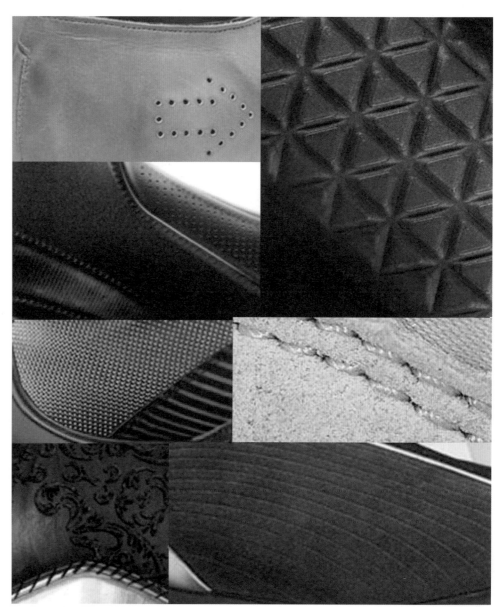

第 6 章　造型光影基础

工业设计手绘效果图，除了要追求某种特殊效果而不要投影，绝大多数产品效果图中的产品都有其投影。什么叫做投影，一般来说，由光线（自然光源、人造光源）照射物体，在某个平面（地面、桌面、墙壁等）上得到的影子形状叫做物体的投影，光源照射物体的照射光线叫做投影线，投影所在的平面叫做投影面。

投影线垂直于投影面产生的投影叫做正投影，投影线不垂直于投影面产生的投影叫做斜投影。物体投影的形状、大小与它相对于投影面的位置和角度有关，当然也和光源与物体的相对位置有关。

6.2 平行投影 《

有时光线是一组平行的射线，例如自然光或体积比较大的光源，由平行光线形成的投影叫做平行投影。

平行投影有哪些特点？

第一，某个点的投影仍为一个点的形状。

第二，直线的投影有两种情况：点或直线。

第三，一点在某一直线上，则点的投影一定在该直线的投影上。

第四，平行直线的平行投影是平行或重合的直线（如果投影线与直线平行，则为两个点）。

第五，平行于投影面的线段，它的投影与这条线段平行并且长度一样。

第六，与投影面平行的平面图形，它的投影与这个图形一模一样。

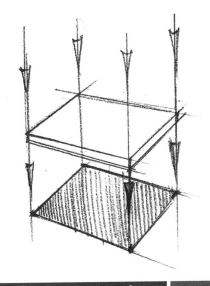

6.3 中心投影 《

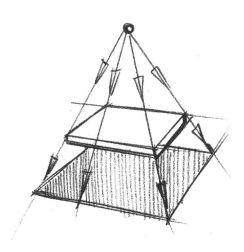

　　我们平时生活当中所见到的产品大部分情况是平行投影，但是如果把光汇聚成一点，向外发散会形成何种投影呢？由同一点（点光源发出的光线）形成的投影和平行投影是不一样的，这种就叫做中心投影。

　　中心投影的投影线交于一点，一个点光源把一个图形照射到一个桌面上，这个图形的影子就是它在这个桌面上的中心投影。这个桌面为投影面，各射线为投影线。

　　空间中的图形经过中心投影后，直线的投影还是直线，但平行线的投影可能变成了垂直相交的直线，经过中心投影后的图形与原图形相比虽然改变较多，但直观性强，看起来与人的视觉效果一致，最像原来的物体，所以在绘制手绘效果图时经常使用这种方法。但在立体几何绘制中很少用中心投影原理来画图，如果一个平面图形所在的平面与投射面平行，那么中心投影后得到的投影图形与原图形也是平行的，并且中心投影后得到的投影图形与原图形相似，但是不相同。

光影明度渐变对照表，如下图所示分为 5 个层次，从 1 到 5 依次加深。

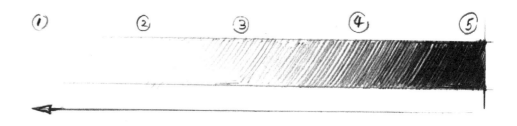

6.4.1　立方体光影

立方体最上面为最亮的区域，受光等级是①，其次是左侧边，受光等级是②，最暗的区域是接近投影的右侧面，受光等级是③，如果立方体处在悬空位置，其光影关系也是一样。

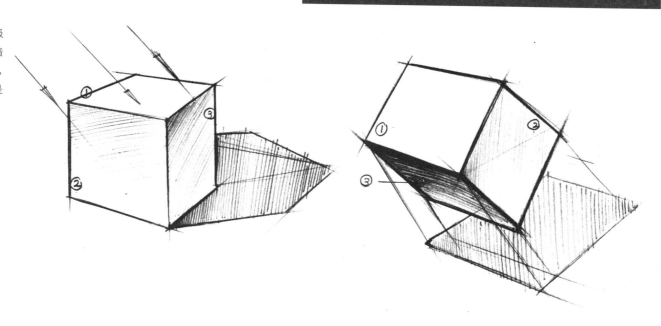

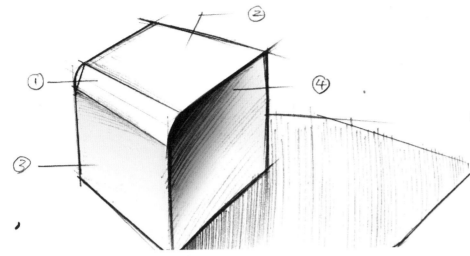

所倒圆角中间区域的受光等级是①，为整个物体的最亮面，紧接着圆角两边的面受光等级分别是②和③，靠近投影最近的右侧面受光等级是④。

6.4.3 圆柱体光影

圆柱体的光影过渡比较柔和，图中从受光等级④到①依次过渡，因为是圆柱体，最亮的区域受光等级是①，再往左边是稍微暗一些的区域，受光等级②。

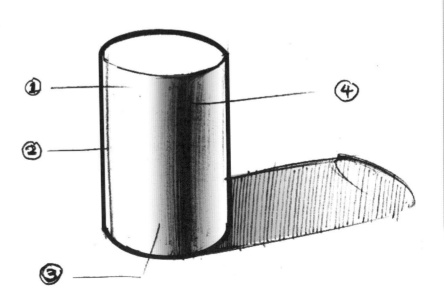

　　圆球体的光影是从一个原点向四周旋转式过渡，图中原点为受光等级①的区域，等到了圆球体中的最暗部，也就是受光等级为④的区域再往下面是有反光的，其受光等级为③。

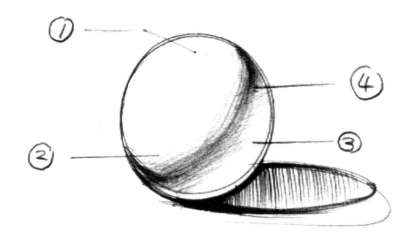

　　图中受光等级①的区域为最靠近光源的区域，从区域①到区域②有一个曲面的过渡，因而有一些阴影，受光等级为③，图中最靠近投影的区域最暗，受光等级为⑤。

第 7 章　　工业造型产品手绘表现详解

01 马克笔起形,运用纯马克笔画出交通工具的大致形态特征,勾勒出底盘线、引擎盖线等。

02 继续用马克笔丰富所勾勒的线稿。

03 用马克笔画出轮胎以及车体的投影区域。

04 当把车体大致轮廓画出来后开始适当地对车身颜色进行绘制。

05 勾勒出车前大灯等前脸中的造型元素。

06 用较深颜色的马克笔加深整车的投影。

07 继续深入绘制。

08 颜色画好后开始用水笔勾勒出汽车的线框。注意，在这个效果图里面，只要勾勒出汽车前脸的线框即可，汽车尾部不用去勾勒，因为要有一个大气的透视效果。

ARMORED VEHICLE
www.hsshouhui.com

09 继续用水笔细化整张效果图，包括汽车座椅、方向盘、后视镜、轮毂等局部的造型元素。

ARMORED VEHICLE
www.hsshouhui.com

ARMORED VEHICLE
www.hsshouhui.com

10 用高光笔点出高光。

01 先轻轻在纸面上勾勒出超级跑车的大体轮廓。

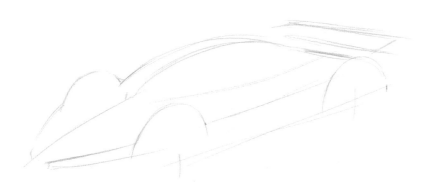

02 依据上一步的大体轮廓，在已经画好的线条上进行深入刻画。

03 画出轮胎以及底盘线。

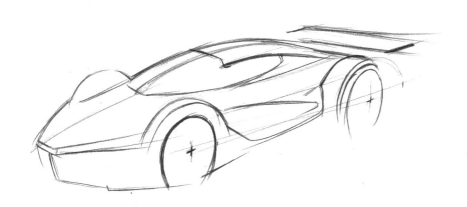

04 深入刻画车体上面的一些小细节，局部都要表现出来，比如前大灯以及周边造型、侧面裙线造型等。

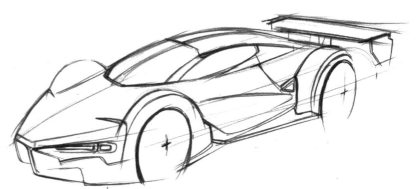

车体上的各种造型元素位置确定下来以后，开始逐步加深这些线条，注意每根线条要一遍一遍加深，同时注意整体效果。

SUPER CAR
www.hsshouhui.com

06 最后效果。

SUPER CAR
www.hsshouhui.com

工业设计手绘宝典——创意实现＋从业指南＋快速表现

01 依据要得到的效果选择一个背景，背景的画法有很多，可以用大号水粉笔铺色，也可以用软件辅助绘制，总之根据不同的情况而定。这里用 Photoshop 画出需要的背景。

02 首先勾勒出交通工具的大形轮廓。

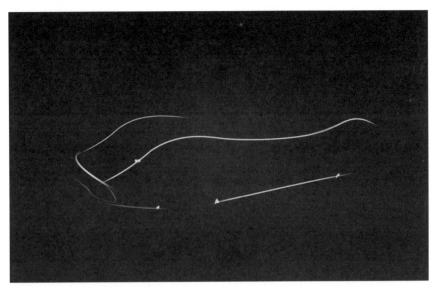

03 继续丰富轮廓，车引擎盖等局部线条要交代清楚。

04 画出车窗、车前大灯的轮廓线。

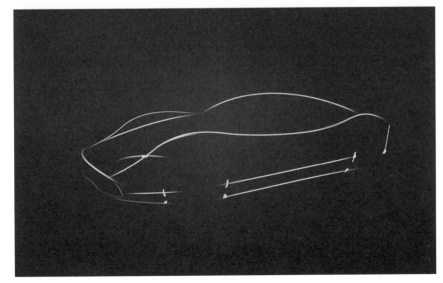

05 开始用喷笔上色，注意喷笔上色颜色的层次变化，过渡要柔和。

06 引擎盖上可以适当用蓝色上色，能对整体效果的色调起到一个调节作用。

07 继续画出轮毂的造型。

08 点上高光，最后效果如下。

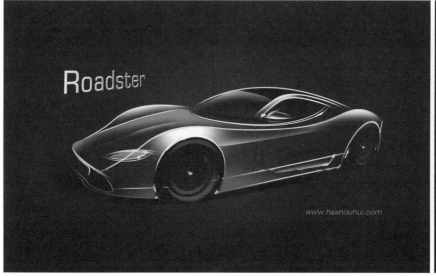

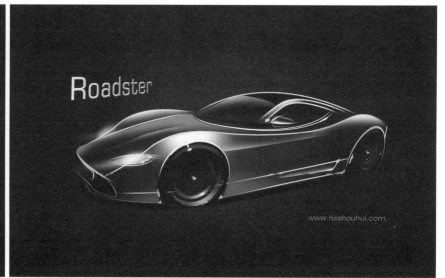

第 8 章　色彩与配色

十几年的教学经验总结告诉我，一个优秀的工业设计效果图不仅仅是表现产品的效果方面多么到位，更主要的是能够诠释你的设计、你的理念以及用手绘草图、效果图来完善你的设计，甚至可以通过绘制手绘稿件提升你的设计素养。我经常和同学们讲：产品设计手绘线稿相信很多同学都已经游刃有余，但在上色过程中，你是否能够迅速看准想要的颜色，是否有过为了马克笔的几种色彩的搭配而一筹莫展呢！

工业设计产品效果图的色彩搭配，对于一个有着丰富经验的设计师来说，那简直就是小菜一碟，但对于一个刚刚起步又没有专业美术功底的新手来讲，那可就不是一件简单的事情了。

1. 基本色

这里从平时画图、上色的研究角度出发，首先提一个问题：什么是基本色？打个比方，我们知道彩虹是气象中的一种光学现象，空气中有水汽，阳光照射到水汽，光线就被折射、反射，会在天空上形成拱形的七彩彩虹光谱。彩虹的七彩颜色，从外至内分别为：红、橙、黄、绿、青、蓝、紫。其实只要空气中有水汽，而阳光正在背后以特定角度照射，就很有可能观察到彩虹，可以把一条连续彩虹中的可视光分解成从蓝到红的色带。

2. 三原色

设计专业的同学都或多或少上过基础课，画过水粉、水彩的同学都有体会，画水粉的时候在调色盘上配色，通过把两种或两种以上的颜色混合在一起，就可以得到另外一种颜色。我们从几大色调中提取颜色，组成一组线性连续的色环，如左下图所示， 一个色环把12种明显不同的色系颜色放进去，为了更容易理解，可以把这个线性连续色环看成是一个时钟，一圈分成十二个点，每一点代表不一样的颜色，对于有一定经验的设计师很容易就看出来，在这个线性连续色环中有三种颜色的区别特别大，而这三种颜色之间恰好都隔三个颜色，如中下图所示，把中间隔着的颜色去掉，剩下的这三个颜色就是我们常说的三原色，如右下图所示。

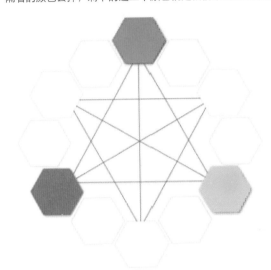
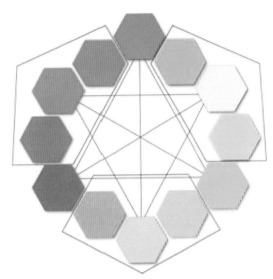
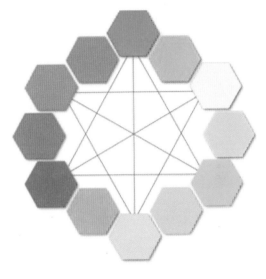

3.RGB

大家都知道，三原色是能够按照一定数量调配成其他任何一种颜色的基色。我们平时画效果图时用Photoshop里就有三原色，为了确定三原色，必须明确哪一种颜色是正在使用的中间过渡色。

三原色：红、黄、蓝，不过在设计公司里面，一般提案打印效果图都需要彩色打印机，可以打开打印机看一下彩色打印机的墨盒，你能看到墨盒里面的颜色是红、黄、蓝吗？你看到的是四种颜色：蓝绿（青）色、红紫（洋红）色、黄色和黑色。颜色的不同是由于电脑用的是正色，而打印机用的是负色，显示器发出的是彩色光，而纸上的墨则吸收灯光发出的颜色。这个实验更进一步地解释了真实的情况， 除了发射与吸收光的不同之外，我们所探讨的概念同样适用于正色和负色模式，我们仅探讨正色模式的三原色：红、绿、蓝，也就是我们绘制效果图时常用的计算机绘图软件里面的R、G、B。

4. 次色

前面讲到在线性连续色环上可以将任何两种相临基色通过合成得到的第三种颜色，即为次色：蓝绿（青）色、红紫（洋红）色和黄色，如右图所示，正色域中的次色同样可以作为负色域中的原色，由此可以得出结论：正色中的次色就是负色中的原色。这也是正色和负色模式之间的内部关系。

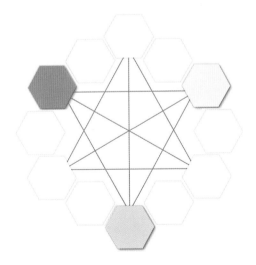

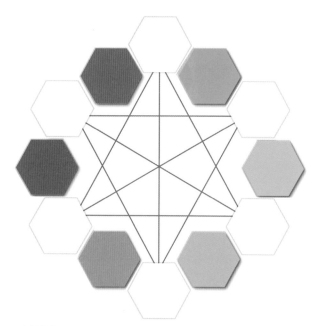

5. 颜色的关系

如左图所示，在整个线性连续色环内，隐藏了三原色和次色后还剩下的颜色，我们可以很明显地看出色环中在三原色、次色之间的当前填充颜色，如右图所示，三色对于正色域和负色域来讲是没有区别的，现在大家可以看到，把这个带有 12 色的线性连续色环画出以后，通过三原色分析、次色分析，就能够很清晰地讨论颜色间的相互关系了。

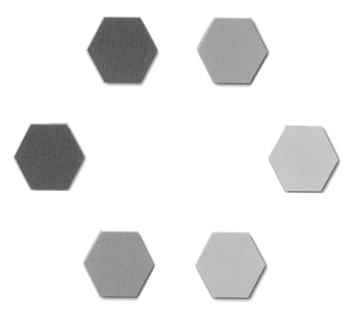

6. 近似色

近似色可以是与某种颜色相近的任何一种颜色，也就是说任何一种颜色都有它的近似色，比如从橙色开始，如果你想要它的两种近似色，应该选择红和黄，如右图所示。用近似色的颜色主题可以实现色彩的平缓过渡与融合，与各种物体自然光照中看到的色彩更接近。

很多工业设计产品效果图表现都会用到近似色，因为产品在大自然中有空间透视，所以即便是同一个材质，颜色也会因为空间透视的关系产生近似色，比如一个产品外观是橙色的，同一个颜色随着空间关系的变化，靠我们最近的颜色会稍微偏红，离我们最远的颜色会偏黄一些。

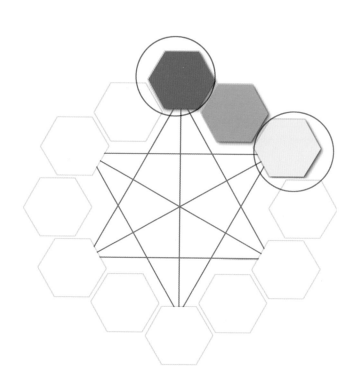

工业设计手绘宝典——创意实现＋从业指南＋快速表现

7. 对比色

通俗一点就像反义词一样，对比色是线性连续色环中位置直接对立的颜色，如右图所示。当你想让产品效果图效果更加显眼，色彩强烈突出的话，选择对比色比较好，比如绘制一个珍珠白颜色的产品，可以用接近黑色的深灰色做背景，又或者绘制一个橙色的产品，可以用蓝色作为背景。

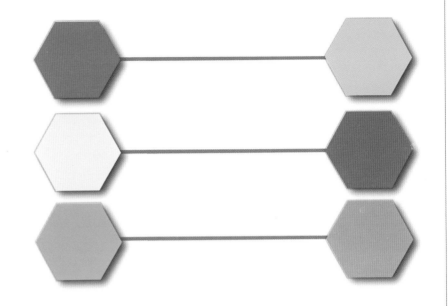

8. 冷暖色

颜色有冷暖对比，暖色由红色调组成，比如红色、橙色和黄色，它们给人的感觉温馨、暖和，选择这些颜色来上色能赋予产品一种温暖、舒适和活力，如下左图所示。

冷色来自于蓝色色调，譬如蓝色、青色和绿色，这些颜色将对产品色彩心理暗示起到冷静的作用，它们看起来有一种平静、包容的感觉，于是它们用作产品效果图中背景的颜色比较好，如下右图所示。

9. 颜色对比

颜色中的抽象对比,颜色对比通常是在两种临近色之间的不同色彩。包括黑色和白色吗?因为白色和黑色并不是真正的颜色,它们是非色彩的对比,白色和黑色也表现出对比度的两个极端。

白到黑:非色彩的对比过渡

色环中的补色表现的是高色彩的对比,当你画效果图时使用一种单色,然后增加或降低其亮度时,单色的对比就表现出来了。

紫色的单色对比过渡

工业设计手绘草图、效果图、设计发散图中的对比非常重要,并且有不同的应用方式,所有这些都基于前面所讲的色彩基础认识。每个设计师都知道产品效果图表现除了产品本身要有对比以外,产品和场景之间也要有对比,虽然深色场景和浅颜色产品有强烈对比,但是不宜对比太强烈,比如黑色相对白色和其他的浅颜色来讲,看起来有一种沉重感和一定的压抑感。

高对比色的搭配

10. 补色搭配

现在进一步分析一下补色的颜色搭配,上面讲到颜色对比效果,类似的对比效果也同样发生在暖色和冷色之间。

通常情况下,暖色比较显眼,视觉上有些"跳"的感觉,而冷色与暖色相反,视觉上有一种向后退的感觉,这就意味着大部分情况下暖色适合于产品本身颜色的上色,而冷色更适合于用作背景、投影。但是,这样的方式不是十分固定的,具体还要看不同情况而定。

让我们看看选择这两种对比色的例子。

补色的颜色搭配

可以看到暖色做背景的效果图,背景显得比较显眼,整张效果图给人感觉喧宾夺主。

第二种情况是用一种冷色作为背景，用暖色作为产品本身颜色，由于汽车本身上色用的是暖色，整张效果图最显眼的就是汽车本身。

工业设计手绘宝典——创意实现 + 从业指南 + 快速表现

搭配不好的颜色之间不能形成恰当的对比，看起来会比较别扭，如左下图所示，我们可以保持这两个基本相同的颜色不变，调整一下它们的亮度，可以使它们之间更协调一些，如右下图所示。大家可以看出这是一种较好的色彩搭配，这不仅仅是从配色分析的角度去判断思考，更是从视觉观点上进行的阐释。

调整色的搭配前

调整色的搭配后

在产品效果图画好后再添加其背景的过程中，对比色的使用就显得非常重要了，要很好地运用这些对比的概念，你需要记住的是，产品本身的颜色成分必须和背景图像上的所有颜色形成足够强烈的对比。

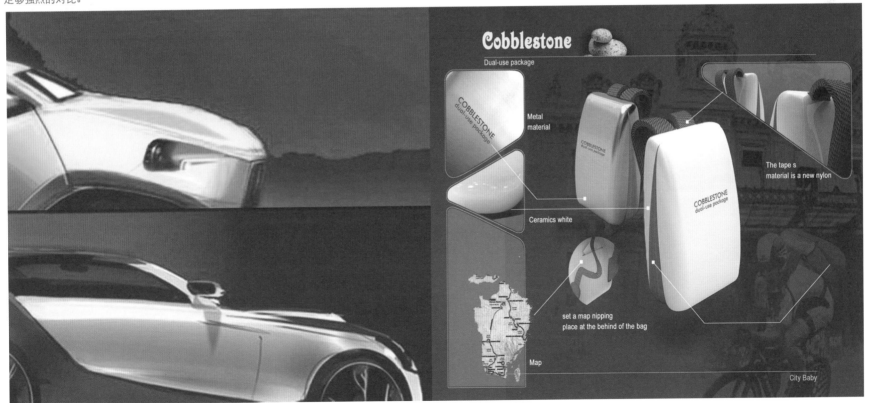

补色的搭配，产品在背景图像的上面

小结

前面讲解了一个设计师对色彩的认识要注意哪些方面，了解色彩的基本理论，增进对色彩的认识。第一，可以在绘制手绘效果图的时候选取一种主题颜色时起到重要作用，这是为了定出整张效果图的颜色基调。第二，明确产品本身配色和背景色，可以从连续色环中选用对比模式来绘制，使用一些常用的配色，可以比较容易地选取几种合适的颜色去增强手绘效果图中元素间的对比，有许多搭配适合于手绘表达，自己脑海里面需要储存一些好的色彩应用而不至于在绘图的时候不知道如何配色。

本节只是在讲解色彩的过程中大致讲到了几种简单配色技巧，接下来我们来深入研究配色。

8.2 配色分析 〈〈

8.2.1 产品与背影

前面讲过，色彩有六种标准色——红、橙、黄、绿、青、紫这六种，而在这六种颜色中，具体又包括：

三原色【红、黄、青】间色【橙（红加黄）、绿（黄加青）、紫（青加红）】，这六种颜色的排列中，原色之间总是间隔着一个间色，比如红色和黄色之间隔着橙色、黄色和青色之间隔着绿色，因此，只需把这六种标准色顺序牢记于心，对于原色及间色我们就可以分清了。

工业设计手绘宝典——创意实现 + 从业指南 + 快速表现

事实上,还有一些颜色没有包括在前面所讲的色彩中:金、银、灰、黑、白五种中性色。一般来说,在绘制产品手绘效果图时,我们的背景通常采用:灰、黑(实际上是深灰,因为纯黑色太闷了)、白(一般不会是纯白,而是偏向某种颜色的浅色)这三种颜色。因为金银色太耀眼了,而灰、黑、白由于是中性色,比较容易与其他颜色搭配,你可以看到设计公司或者企业内,设计师平时在画图的时候用的马克笔以灰色系居多。用这几种色来衬托产品本身,可以让产品表现主体更加突出。

为了方便对比,再把三种不同背景的效果放在一起,感受一下。

8.2.2　配色原则

一般颜色的明度不同,视觉上产生的距离感也不同,按明度顺序排列:1黄、2橙、3红、4绿、5青、6紫,按照前面讲的线性连续色环排列顺序,就可以得到对比色,善于运用对比色,对我们的设计手绘表现是很有好处的。

在黑色背景上,黄颜色视觉上离我们最近,而在白色背景上,紫色视觉上离我们最近。因此,颜色的视觉距离感是相对的。在设计效果图中有明度、纯度和冷暖的对比,而色彩的冷暖是影响产品设计配色、整体效果图色调的主要因素之一。

1. 调和色彩

画面效果看起来色彩不协调的时候需要调和，我们来看看怎样调和色彩。调和色彩的基本法则是：整幅效果图中的各部分色彩一定要构成协调的色彩关系，组成统一的色调，表达某种产品配色思想、设计理念。怎样才能做到这一点呢？

（1）首先确定主色调的色彩关系。当整幅效果图上有几个不同色彩时，比如同一个产品的不同角度出现在一个幅面上，而每个角度的产品都用了不同颜色的背景，那么必须以其中一块主要颜色为主，而且其面积、明度大于其他色块，区域在画面中心位置。

（2）绘制手绘效果图时，不但要善于运用上面所讲的原色，而且还要善于运用金、银、黑、白和灰这些中性色来缓解画面效果，用于辅助烘托出要表现的产品。

（3）拉开距离（产品与背景的距离、产品与场景的距离、主要表现的产品与次要表现产品的距离等），让画面中出现的多个产品主次分开，不要混成一团。方法有好几种：比如从平面上拉开，也就是各物体的面积大小，或者从纯度和明度上进行削弱（两种颜色相同对比度的情况下，可以一深一浅；同时变化原有明度；纯度对比，使一色鲜艳而另一色饱和度降低；同时变化原有纯度）。

2. 色彩与平衡

前面讲了好几种调和色彩的方法，再来说说色彩影响画面布局均衡的问题。要打动别人的视觉，也要让图面色彩均衡：

首先要全局检查整体画面效果。

其次色彩不能偏向于一方，否则画面就会失去平衡，如整幅产品效果图中有主色调，则四周一定要有一些其他色调，比如带有主色调的产品在右边，那么左边要有一些其他色调的产品，或者产品的某个局部上有其他色调，并且都有一定的明度区别，这样整体感觉就不会完全灰暗或者单调，整体效果图也要有适量的明色。

最后，如果要深入解析效果图中的均衡，则除了色彩因素，还有许多其他因素，比如产品出现在效果图中的位置、角度甚至一些解释产品功能的文字等。

总之，要表达出我们所画效果图的风格、淋漓尽致地表现设计理念，就需要理解色调的概念。色调，即我们效果图的主色彩，所要表达的性格或心情，都会在一张效果图面上表示出来，如表达商务产品效果图时用冷色，如左下图所示，表达家居类型的产品效果图时用暖色，如右下图所示。

主色调为冷色

主色调为暖色

有一些产品为了突出其特点，不一定遵循套路来表达，必要时要用夸张、提炼、强调、概括等方法。为了突出重点、加强对比，表达整个产品使用的场景、气氛，是有必要进行夸张和调整的。以下是具体的方法：

1. 单色调法

单色调是指效果图中只用一种颜色，只在明度和纯度上作调整，间用中性色。这种方法有一种强烈的个人倾向，采用单色调容易形成一种风格，我们要注意的是中性色必须做到非常有层次，明度系数也要拉开，才可以达到我们想要的效果。

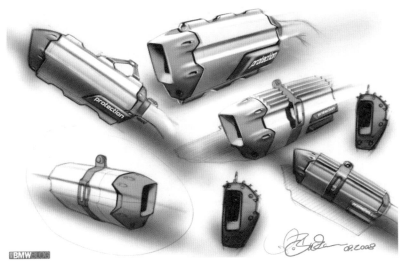

运用单色调来表现效果图

2. 调和色调法（邻近色的配合）

这种方法是采用标准色队列中邻近的色彩作配合，但容易显得单调，必须注意明度和纯度，而且注意在画面的局部采用少量小块的对比色以达到协调的效果，比如左图中所示的黄色和红色。

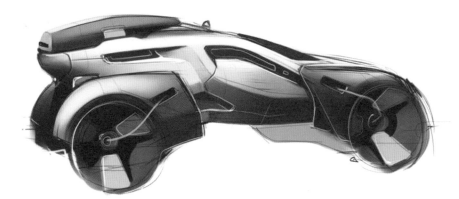

3. 对比色调法

这种方法易造成不和谐，必须加中性色加以调和，注意色块大小、位置，才能均衡效果图整体的布局，如右图所示，车体引擎盖上用了对比色，不过注意了其比例、位置关系。在调和色彩中要注意掺入中性色，近的纯色由远的灰色衬托，明度大的纯色由暗的灰色衬托，主体的纯色由辅助体的灰色衬托。

前面讲了色彩影响画面均衡问题，接下来讲一下构图本身，这是为了更好地理解色彩如何影响整体构图布局。构图本身的内容也就是构图中的稳、匀、奇。

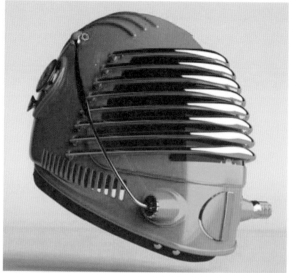

1．稳（稳定，比例）

稳定（此处着重于心理、视觉印象的稳定）。产品手绘效果图在构图上一般有对称、平衡，对称给人感觉比较庄重、严肃。平衡比较生动、活泼。

比例（画面中主体产品的大小比例和辅助产品的大小比例等）。比例带有一定的数学计算性，较典型的有黄金分割（0.618/1，据说芭蕾演员踮脚表演就是为了使自己身体比例呈黄金分割），还有平方根、立方根矩形，给人一种非常优美和谐的视觉效果，但不要被这些比例所束缚，要看实际情况和靠自己的感觉去应用。

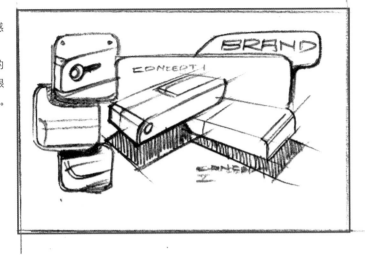

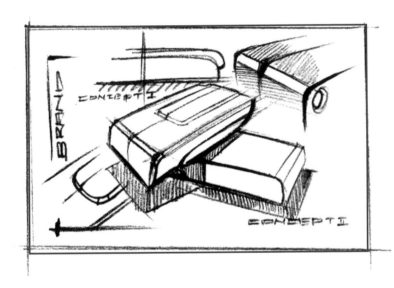

2．匀（疏密，空间）

从疏到密、从黑到白（这里所说的黑白不是纯粹的黑白色彩，而是指浓淡）、从虚到实之间是对比关系，灵活合理地进行疏密、黑白布局，可以表现出一定的虚实，形成不同的美感和艺术效果。

空间，实际上是由构图中出现的产品实体形象、画面空白区域结合构成的。空间的构图处理，是随着效果图中产品形象轨迹及整体画面视觉轨迹形成内在的空间层次。例如：同一画面中，产品和产品的间距间隔、产品的前后顺序体现画面效果的空间感。

3．奇（标新，立异）

标新。区别于现在经常见到的构图，体现出新颖的构图方法，比如运用中国水墨风格等去构思整体的布局。

立异。在遵循画面平衡的前提下，和现有的构图方法拉开距离，这种构图方法相对于标新来说更加具有个性。

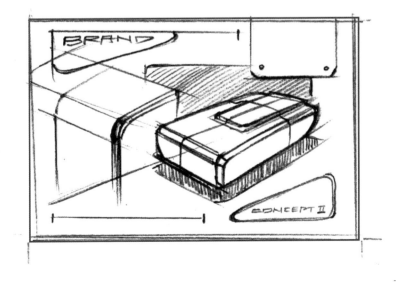

在平时生活当中，我们无时无刻不在感受着各种色彩，当我们看到不同的颜色时，会或多或少受到不同颜色的影响而发生变化。色彩本身只是一种物理现象，我们长期生活在一个色彩丰富的世界里，有意无意的接收到各种色彩的信息，收集的色彩信息都积累在我们的大脑，一旦视觉感知与外界的色彩刺激发生一定的交织，就会在人的心理上引出某种情绪。现在我们把这些反应列举出来，这种反应变化因人而异，不是绝对的。

1. 红色

大家可以想想生活中什么产品会用到红色，在我们国家，红色代表吉祥、喜气、热烈、激情、奔放，红色的色感温暖，性格刚烈而外向，是一种对人刺激性很强的色。红色容易引起人的注意，也容易使人兴奋、激动、紧张、冲动，还是一种容易造成视觉疲劳的色。

- 在红色中加入少量的黄，会使其热力强盛，趋于躁动、不安。
- 在红色中加入少量的蓝，会使其热性减弱，趋于文雅、柔和。
- 在红色中加入少量的黑，会使其性格变得沉稳，趋于厚重、朴实。
- 在红中加入少量的白，会使其性格变得温柔，趋于含蓄、羞涩、娇嫩。

  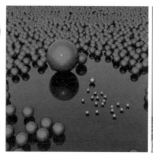 

2. 黄色

黄色的性格敏感，具有扩张和不安宁的视觉印象。黄色是在各种色彩之中最为娇气的一种。了解中国历史或常看古装片的读者都知道，在中国古代，明黄色的衣服只有皇室的人才有资格穿，于是黄色在中国就成了高贵的颜色。黄色的互补色是紫色，黄色和紫色是高对比的组合，而黄色和蓝色是一个经常用到的组合，黄色可以唤醒低调的蓝色从而制造出高对比度，黄颜色的产品往往给人轻快、透明、辉煌、充满希望的印象，只要在纯黄色中混入少量的其他色，其色相和色性均会发生较大程度的变化。

- 在黄色中加入少量的蓝，会使其转化为一种鲜嫩的绿色，其高傲的性格也随之消失，趋于一种平和、潮润的感觉。
- 在黄色中加入少量的红，则具有明显的橙色感觉，其性格也会从冷漠、高傲转化为一种有分寸感得热情、温暖。
- 在黄色中加入少量的黑，其色感和色性变化最大，成为一种具有明显橄榄绿的复色印象，其色性也变得成熟、随和。
- 在黄色中加入少量的白，其色感变得柔和，其性格中的冷漠、高傲被淡化，趋于含蓄，易于接近。

  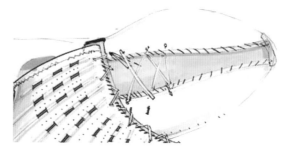 

3. 蓝色

蓝色，最冷的色彩，给人感觉非常纯净。看到蓝色，会联想到什么？海洋、天空、水波等，蓝色的性格朴实而内向，是一种有助于人安静的颜色。蓝色代表冷静、沉稳、理智、科技、蓝色的朴实、内向性格常为那些性格活跃、具有较强扩张力的色彩提供一个深远、广博、平静的空间，成为衬托活跃色彩的常用颜色。蓝色还是一种在淡化后仍然能保持较强个性的色。在蓝色中分别加入少量的红、黄、黑、橙、白等色，均不会对蓝色的性格构成较明显的影响。产品设计配色中，蓝色往往代表科技、商务。在很多企业运用蓝色强调科技、多功能的商品。

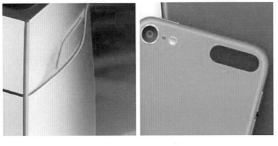

4. 绿色

我们一说起绿色，首先想到的是绿色食品、绿色植物、环保、原生态这些词汇，绿色是包含黄色和蓝色两种成份的颜色。在绿色中，根据黄色和蓝色所占比例的不同呈现出不同的绿，我们可以把绿色看成是黄色的扩张感和蓝色的平静感相组合，这使得绿色的性格最为平和、安稳，是一种柔顺、恬静、贴近大自然的颜色。工业设计领域有一种产品设计类型叫做绿色设计，就是指设计出的产品可以拆卸、分解，零部件可以再利用，这样的设计既保护了生态环境，也避免了资源的浪费。

- 在绿色中黄的成份较多时，其颜色性格就趋于活泼、友善，具有新鲜清爽感。
- 在绿色中加入少量的黑，其颜色性格就趋于庄重、老练、成熟。
- 在绿色中加入少量的白，其颜色性格就趋于洁净、鲜嫩。

5. 紫色

紫色是由红色和蓝色组合而成的颜色，紫色的明度在有彩色的色料中是最低的。紫色的低明度给人一种尊贵、优雅、神秘的感觉。产品设计领域，紫色通常会运用在化妆品包装配色、包具配色、床上用品配色等。

- 在紫色中红的成份较多时，给人感觉具有压抑感、威胁感。
- 在紫色中加入少量的黑，感觉趋于沉闷、伤感、恐怖。
- 在紫色中加入白，可使紫色沉闷的性格消失、变得纯洁、细腻而敏感，并充满女性的魅力。

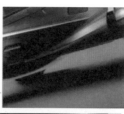

6. 白色

白色实际上包含了光谱中所有颜色光，白色是一种无色相的颜色，白色的明度是最高的，白色的色感光明，性格朴实、纯洁、快乐。白色具有圣洁的不容侵犯感。因为白色亲切感强，经常被用在医院的医疗器械产品等，厨卫产品、餐厅餐具设计往往也会用到白色。在白色中加入其他任何色，都会影响其纯洁性，使其性格变得含蓄。

- 在白色中混入少量的红，就成为淡淡的粉色，鲜嫩而充满诱惑。
- 在白色中混入少量的黄，则成为一种乳黄色，给人一种香腻的印象。
- 在白色中混入少量的蓝，给人感觉清冷、洁净。

- 在白色中混入少量的橙，有一种干燥的气氛感。
- 在白色中混入少量的绿，给人一种稚嫩、柔和的感觉。
- 在白色中混入少量的紫，可诱导人联想到淡淡的芳香。

第 9 章　上　色

马克笔又称麦克笔，通常用来快速捕捉产品设计构思以及绘制精细设计效果图。马克笔有单头和双头之分，能迅速上色表达效果。产品快题设计、快速表达都会用到马克笔，马克笔是现在最主要的绘图工具之一。马克笔怎样配合其他工具使用？基础薄弱的同学，首先最好用铅笔起稿，再用水笔把基本线框勾勒出来，勾勒线稿的时候要放得开，不要拘谨，允许出现一两条线的错误（因为随着上色阶段的深入，马克笔可以帮你盖掉一些出现的错误），然后再用马克笔上颜色，上颜色的时候也要放开，要敢下笔，否则整体画面会感觉比较小气，没有张力。

Convertible
waiting for back

WWW.HSSHOUHUI.COM

彩铅上色要有一定的耐心，要画出细腻的感觉——彩铅画效果图要细腻才出效果。绘制手绘效果图的时候，首先，把笔头削尖（不要太尖）来画，一层一层地上彩铅。彩铅和水粉颜料一样，不同颜色的彩铅叠加会形成另外的颜色。如果有绘画基础，要善于用彩铅找到自己的手感。彩铅画产品效果图一定要切记不能用力涂，不能急于求成，要一层层地画，如果遇到颜色比较重的区域，可以运用不同颜色的彩铅相互叠加。总之记住彩铅适合层次的逐步叠加，在叠加过程中不要始终用一种颜色涂抹，可以用多种相邻色系的彩铅进行绘制。在这里分享两个用彩铅绘图的经验：

（1）有的人把笔削得很尖，实际上不要太尖，那样不是特别好用，下笔时容易断，笔头最好带一些圆角。

（2）遇到刻画产品效果图中细节部分，或者小面积的绘制（如某个产品的小按钮），就要把笔垂直于低面进行绘制；遇到大面积的区域，要把笔倾斜然后用笔的侧面由重到轻，这样既省力又容易出来效果。

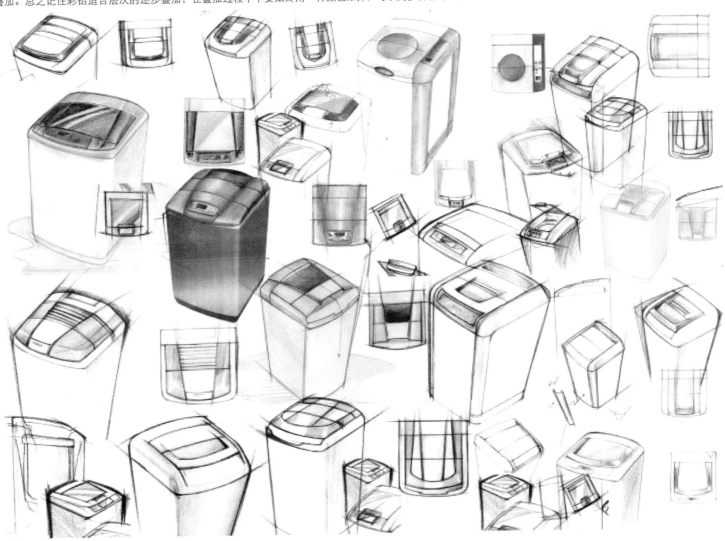

水粉画技法在马克笔工具还没有普及之前是各类产品类型效果图表现技法中运用最为普遍的一种。水粉表现技法大致分干画法、湿画法两种，或者也可以干湿相结合使用。

湿画法

湿这个字是指画图之前在图纸上先涂清水后再着色，或者指调混颜料时用较多的水。这种方法适用于表现大面积的底色（产品效果图背景或产品中较大区域等）和产品上某个颜色之间的衔接、过渡。湿画时必须注意底色容易泛起的问题，图面上容易产生粉、脏、灰的效果。如果出现这种现象，最好将画不好的颜色用笔蘸水洗干净，等到干后重画，重画的颜色最好稍厚一点，要有一定的覆盖性。

干画法

说到干这个字，并不是说不用水，只是水份比较少、颜色较厚而已。其特点是：画面笔触清晰而肯定，色泽饱和明快，可以形象描绘产品效果图并且较容易具体深入。但如果处理不当，笔触会过于凌乱，也会破坏画面的整体感。

水粉颜色具有较好的覆盖力，易于修改，不过水粉颜色的深浅存在着干湿变化区别较大的现象，一般情况下，刚刚上的水粉色是比较鲜艳的，颜色干透后会感觉浅和灰一些。在进行局部修改和画面调整时，可用清水将局部四周润湿，再作调整。绘制产品手绘效果图时往往是干湿与厚薄综合运用。这个方法有利于效果图的修改调整，有利于整体效果的深入表现。不过从以前的画图经验来看，宁薄勿厚是比较可取的。具体来讲：当你画大面积颜色时宜薄，画局部时可厚。

在本书中第 3 章讲到过水彩工具的运用，水彩上色渲染也是工业设计效果图绘制时的一种常用技法，包括现在，有的效果图也有不少是运用水彩绘制的。水彩表现要求线稿图形准确、清晰，但是不要擦伤纸面，而且纸和笔上含水量的多少十分讲究，即画面色彩的浓淡要掌控好，比如绘制大型交通工具时空间的虚实、笔触的感觉都取决于对水份的把握，而且在绘制过程中可以把你所画的图面略微倾斜一点，大面积区域用水平运笔，小面积区域可垂直运笔，趁画面上水彩还是湿润的时候衔接笔触，可取得均匀整洁的效果。

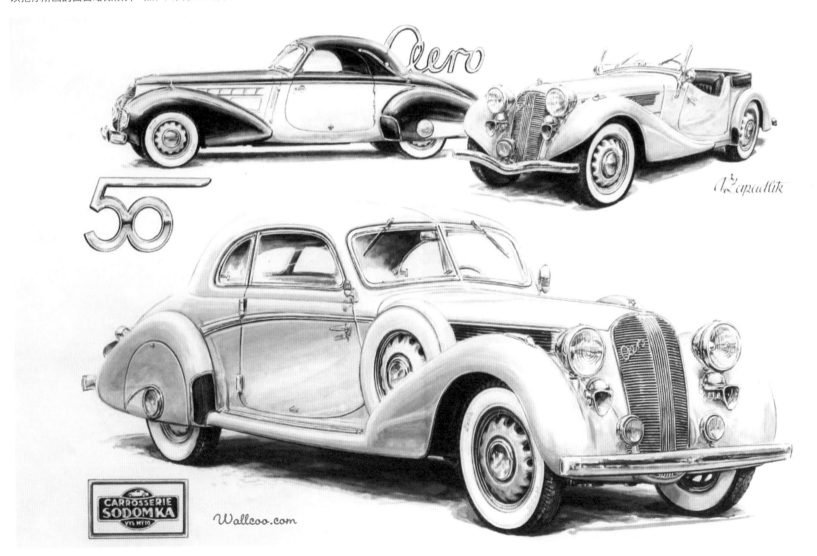

第 10 章　　手绘技法表现之产品

　　产品设计需要考虑产品的安全性，使用的可靠性、易用性，并且要有美观的外形。在产品设计过程中，还要注意产品和使用环境的调和，产品和使用者的互动，小产品设计体积相对交通工具较小，在画产品效果图的时候注意比例的把握，上色时要符合人们的视觉习惯。

案例分析： GPS 导航设备体积比较小，造型需要简洁、大气。在表现其效果图的时候要注意透视的变化，小局部透视要和大形体透视相互吻合。

01 首先画出大致轮廓线，注意近大远小的透视关系。

02 根据轮廓线画出底座的几根主要线条。

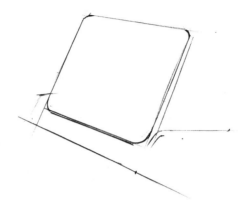

03 进一步完善丰富线条，注意线和线的转折连接，每根线条都要衔接好。

04 继续深入绘制。

05 画出投影轮廓，记住导航的投影边缘线基和基座边缘线的透视关系是一致的。

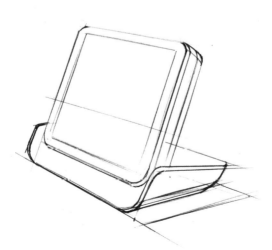

06 运用排线法画出投影，线条要放松，注意线条的疏密关系。

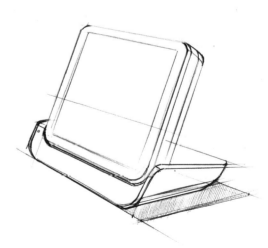

07 依据画好的大致线框把导航仪的按钮、屏幕画出来。

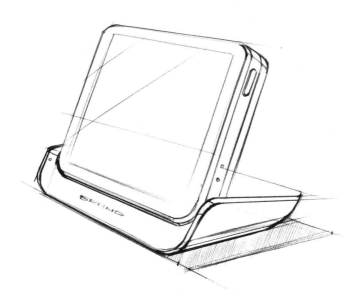

08 线稿画好后开始上色，首先用浅灰色马克笔上色。

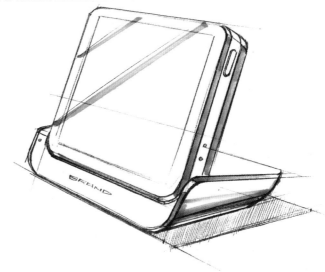

09 铺出屏幕颜色，要注意笔触必须挺直、干脆，因为屏幕是一个平面。

10 GPS 导航仪的内框选用蓝色配色，用高光笔点上高光，整体效果更加生动。

案例分析：这是一款 PDA 背视图的设计手绘，注意要点基本同 10.1 节案例。

01 首先用四根线条画出大体透视关系。

02 由四根主线延伸出一个长方体。

03 画出长方体块的四周倒角，倒角也有透视关系，四个倒角并不一样。

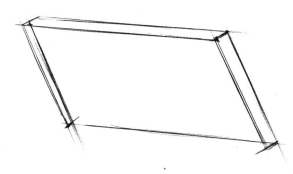

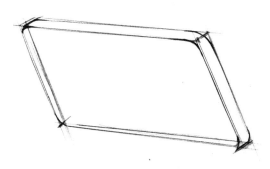

04 画出背面支架镶嵌位置的线条。

05 画出支架，标出摄像头、侧键、耳机孔的位置。

06 深入刻画各个零部件的局部特征，画出支架、摄像头镜片的厚度，以及发音孔。

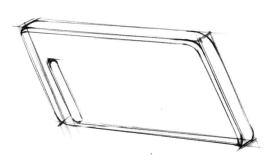

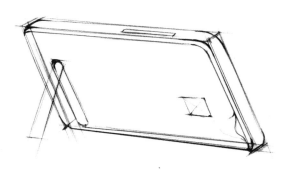

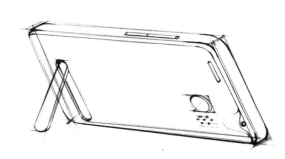

07 开始上色，首先从侧边开始，注意上色时颜色要均匀，颜色不要渗进 PDA 侧键的线框里面。

08 当侧边颜色画好以后，进入背面上色阶段，注意笔触的方向统一性。

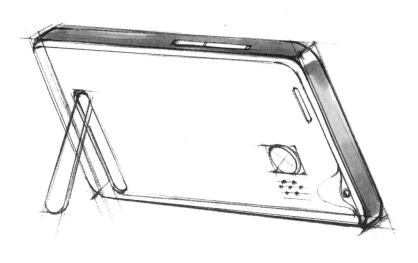

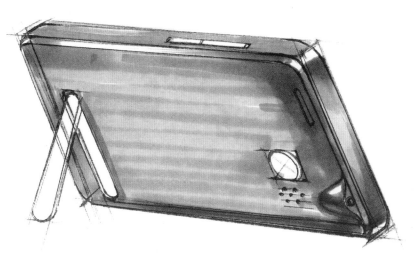

09 对支架镶嵌区域和摄像头装饰件进行上色，在这里选用的是深红色，和机身的灰色形成强烈对比。

10 最后效果。

Personal Digital Assistant
www.hsshouhui.com

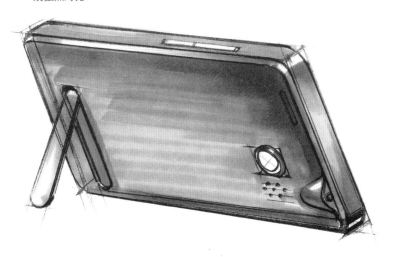

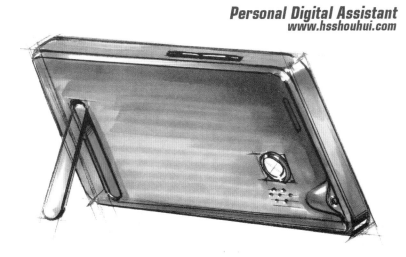

案例分析：包具的产品设计手绘表现因为其材质不同而有着不同处理方法，包具常常用皮革、布料等材质制成，因此在画包时要注意笔触不能太硬，要适当放软一点。

01 首先用圆珠笔画出包具设计的几个方案，另外搭配使用包具的场景人物。

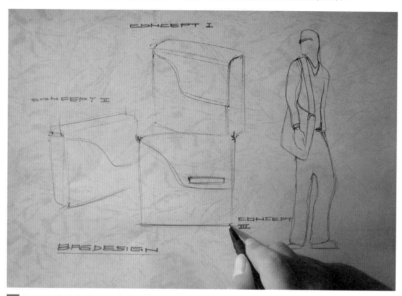

02 用圆珠笔画出包具的阴影部分，注意线条的疏密。

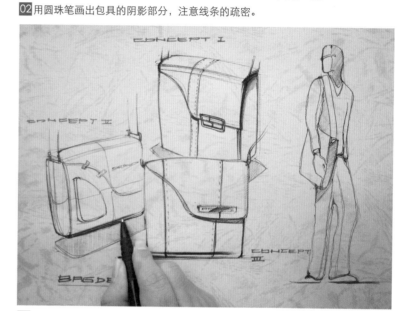

03 包具的线稿完成后，准备上色。

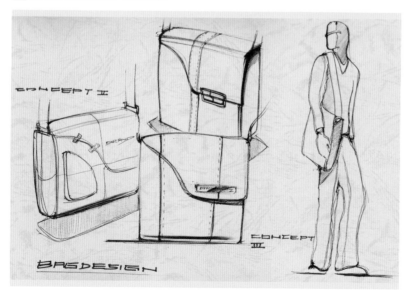

04 首先选用米黄色的配色进行上色，颜色需要均匀。

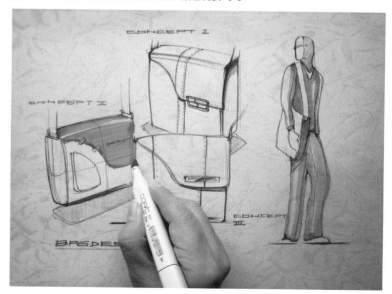

05 继续深入上色，画出包具的背带等细节。

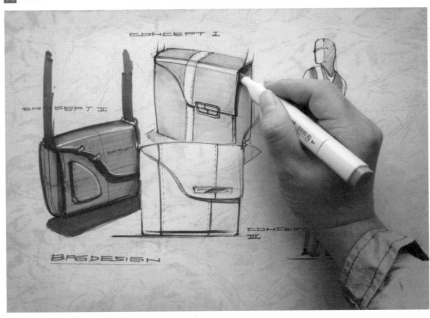

06 在包具颜色搭配上有不同配色，这里选用翠绿色进行点缀。

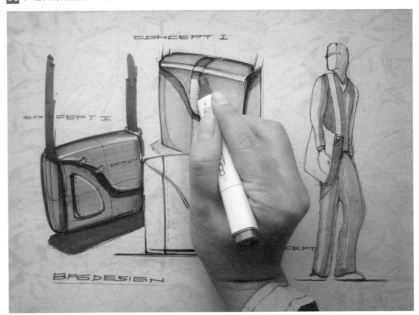

07 包具的缝线效果要表现出来，用圆珠笔强调一下。

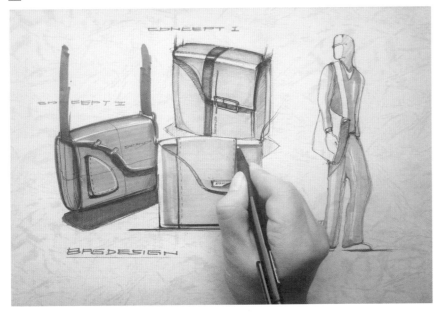

08 包具上面的标牌也要表达出来，继续深入。

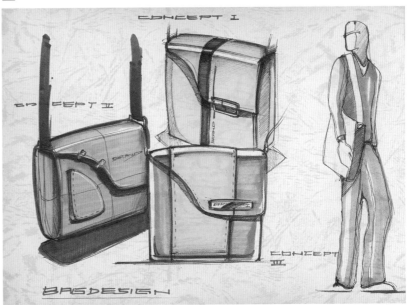

案例分析：便携式播放器的形体是一个长方体，在画这个产品的时候要注意其倒角的光影处理，便携式播放器上面的小局部透视和整体透视关系必须统一。

A 款便携式播放器

01 首先用四根线确定大致透视关系，这是一个成角透视。

02 画出左右两个面的大致轮廓。

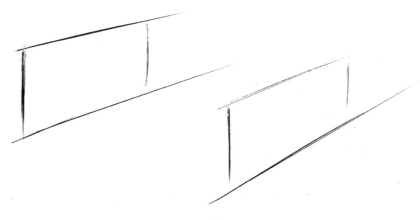

03 画出顶面轮廓，注意线条的透视。

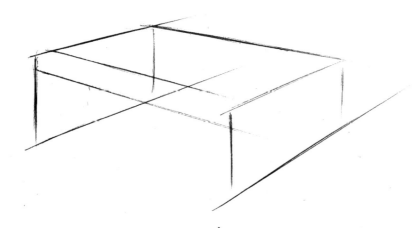

04 以圆弧线方式连接水平和垂直的边缘线条。

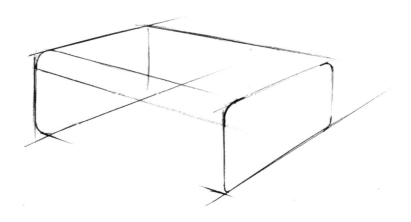

05 开始深入绘制，注意线条的轻重要有所区分。

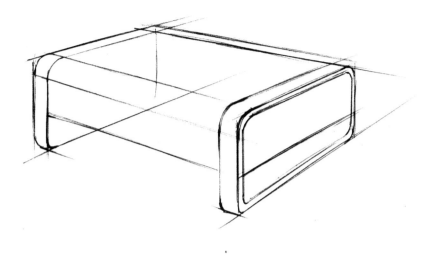

06 这一步着重画出侧面局部造型，线条始终是放松的状态。

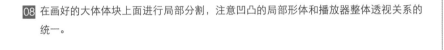

07 画出底部支架部分，整个支架是有一定厚度的。

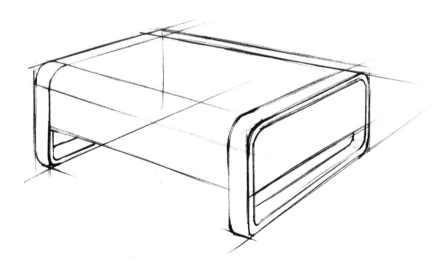

08 在画好的大体体块上面进行局部分割，注意凹凸的局部形体和播放器整体透视关系的统一。

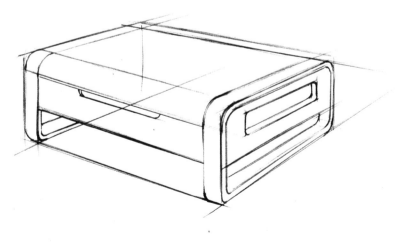

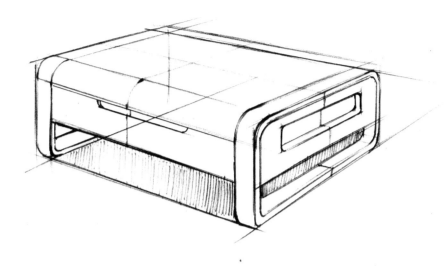

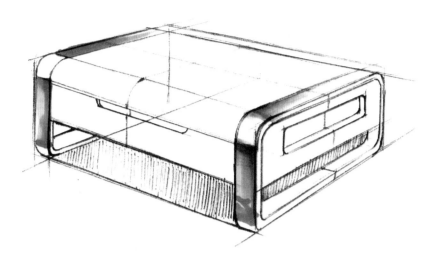

11对局部区域进行上色。

12投影的颜色也要表达出来，并且要区分出支架的远近颜色的深浅度。

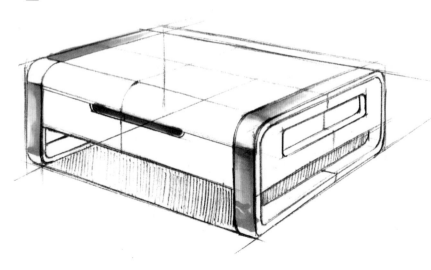

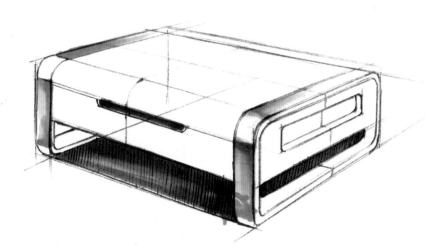

13 继续深入上色。

14 开始对机身进行上色，注意笔触的连贯性。

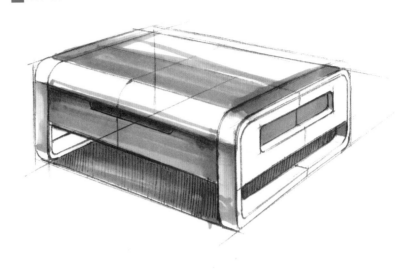

15 对侧面区域进行上色，侧面颜色和机身正面、顶面要有所区分：有一个深浅变化。

16 用高光笔点好高光，绘制完毕。

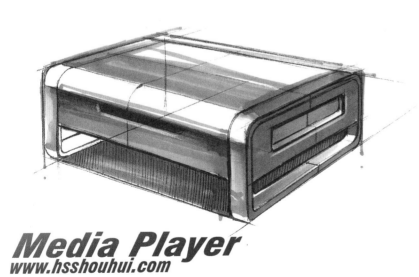

Media Player
www.hsshouhui.com

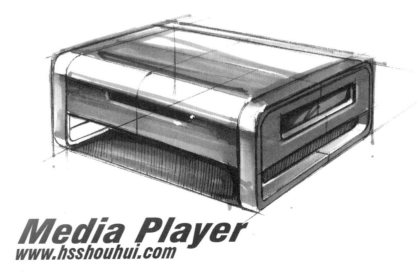

Media Player
www.hsshouhui.com

B 款便携式播放器

01 首先用四根线表达出便携式播放器的透视方向。

02 画出侧面区域。

03 用线连接两个侧面的四周端点，可以看到画面中出现了一个长方体块。

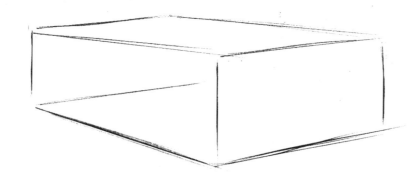

04 用圆弧线画出这个长方体块的圆形倒角，注意前后透视的变化。

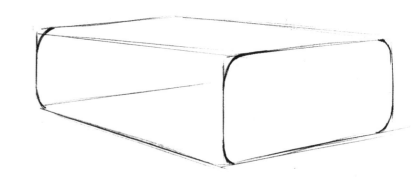

05 在画好的带有圆形倒角的长方体块上进行分割。

06 继续深入绘制，对两侧的支架和机体进行细化。

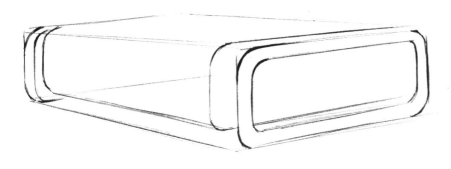

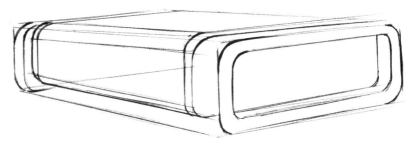

07 画出线缆，要注意线缆的质感和机身是不一样的，集中体现在线条的软硬程度不一样。

08 用排线法画出机身投影。

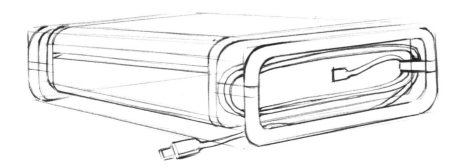

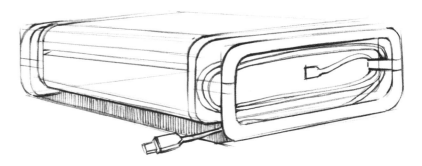

09 继续使用排线方法画出侧面阴影，线稿完成。

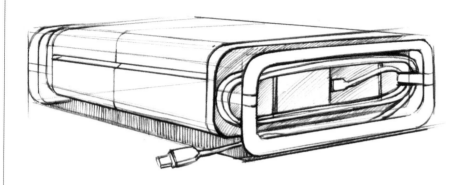

10 开始上色，首先选用中灰色马克笔。

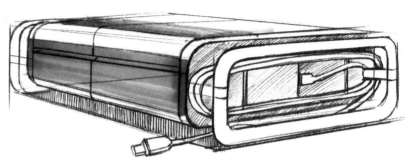

11 给侧面暗部区域上色，要区分受光面和背光面。

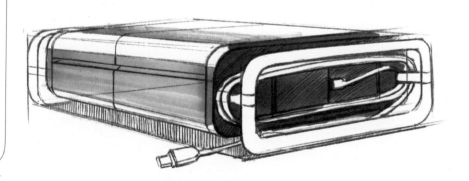

12 给投影上色，突出整体效果。

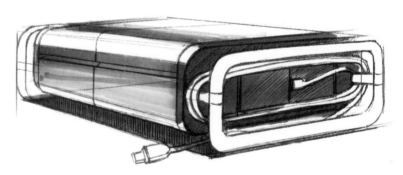

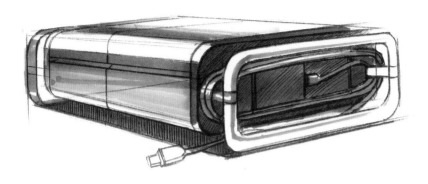

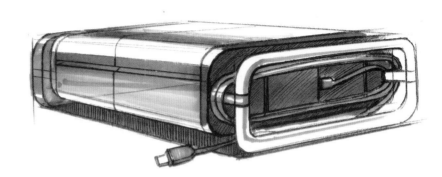

15 支架用浅灰色马克笔上色，表达出支架的立体感。

Media Player
www.hsshouhui.com

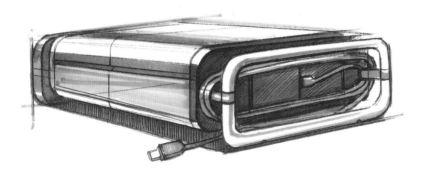

16 最后效果的呈现。

Media Player
www.hsshouhui.com

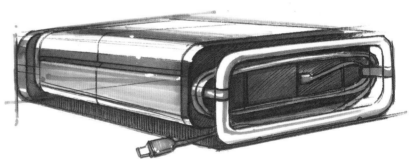

案例分析： 电动工具有很多种类，电钻属于装配类电动工具，一般为手持式，画电动工具设计手绘效果图时要表达出电动工具的耐用、安全等特性，画线稿时线条要流畅，上色时配色经常以灰色、银色、黄色、黑色、橙色等互相搭配。当然电动工具除了电钻以外还有电动砂轮机、电动扳手和电动螺丝刀、电锤、冲击电钻、混凝土振动器、电刨等。

01 画出外部轮廓线，注意线条的轻重缓急。

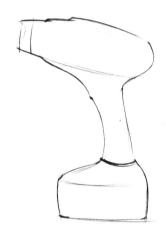

02 在上一步画好的外部轮廓线上进行线的分割。

03 继续深入细化各个零部件的线稿。

04 画出投影，还要画出各个局部的结构线，
　　标明各个局部的造型转折。

05 各局部线条位置确定好了以后，可以慢
　　慢加深这些线条。

06 用排线法画出把手明暗调子，把把手和
　　机身区分开来。

07 继续用排线方法表达出各个零部件的质感来。

08 继续深入绘制，加深各个局部区域的明暗调子，线稿完成。

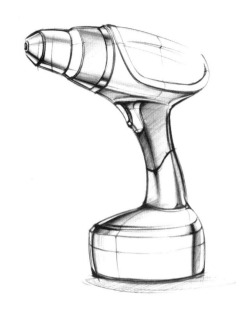

09 开始上色，首先用浅灰色和深灰色马克笔画出电钻的主要色调。

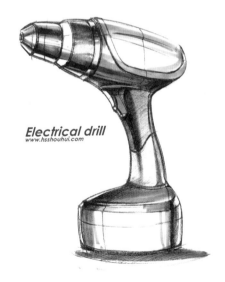

Electrical drill
www.hsshouhui.com

10 用橘黄色马克笔和银灰色的电钻主色调搭配，形成对比，绘制完毕。

Electrical drill
www.hsshouhui.com

案例分析：概念手机设计是针对未来市场发展方向而设计出来的产品，通常目的不在于近期内投放市场，而是让消费者看到未来产品的发展方向。概念手机设计可以天马行空，但是在手绘时必须让其结构、组装、机构合理化，手绘时要表现清楚各种元器件。

01 第一次提案。大量的方案发散，各种造型、材质的搭配考量。

02 第二次提案。逐步细化深入方案，手绘表现要深入刻画概念手机的各个局部。

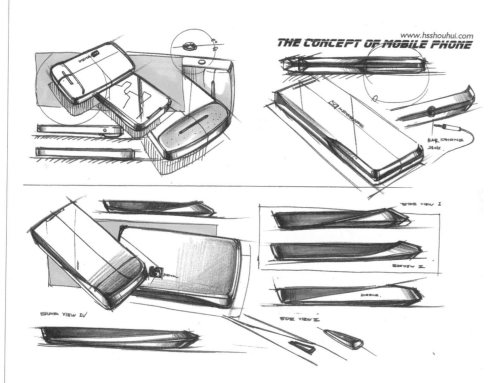

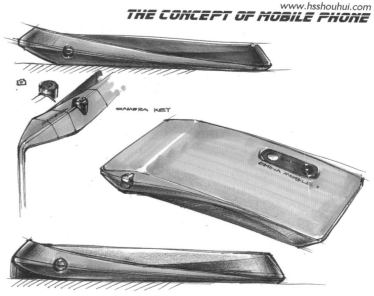

03 这款设计方案和上一款相比，背部造型有所不同。

04 配色方案一。

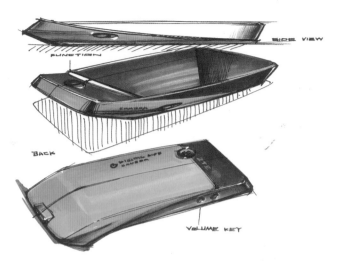

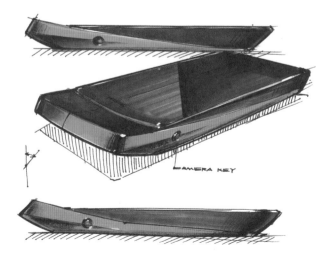

05 配色方案二。

06 配色方案三。

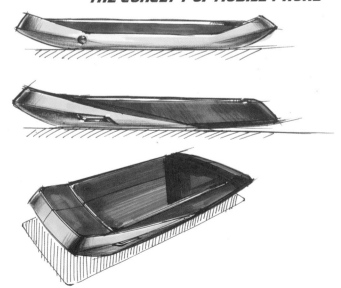

THE CONCEPT OF MOBILE PHONE

THE CONCEPT OF MOBILE PHONE

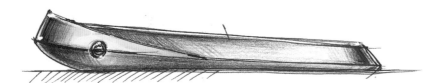

CAMERA KEY

09 概念手机的线路板，手绘草图方案中，概念手机外观中的每一个零部件，比如功能按键、导航键、摄像头、音量键、自拍镜头等这些元件的位置分布都是根据这个线路板来定位的。

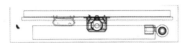

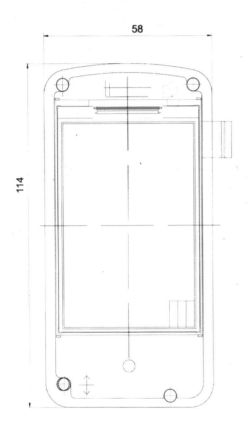

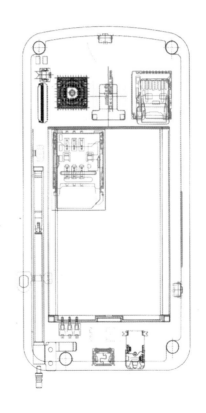

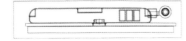

案例分析： 机箱造型主要是一个扁平的长方体，在长方体中进行面的切割，手绘中要注意的是机箱上小局部的造型绘制，还有机箱上不同材质的搭配，要注意机箱上各种材质搭配的协调性。

01 首先画出机箱的几根主线条，表现出机箱的透视关系。

02 勾勒出机箱的大致体块轮廓线，注意其透视的变化。

03 这一步机箱的前端部分造型要表达出来。

04 深入刻画机箱的机体局部，画出机箱的投影形状。

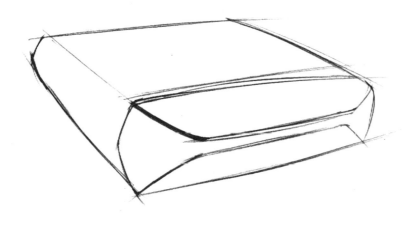

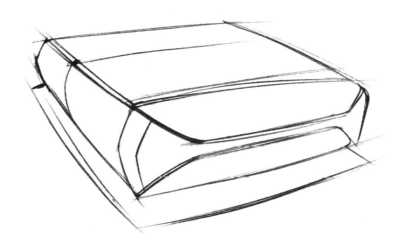

05 用排线法画出机箱的投影线，注意线条的深浅变化。

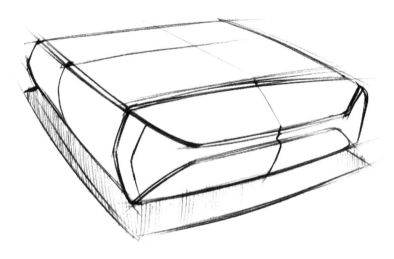

06 继续使用排线法深入强调暗部区域，加深暗部背光区域和受光面形成对比。

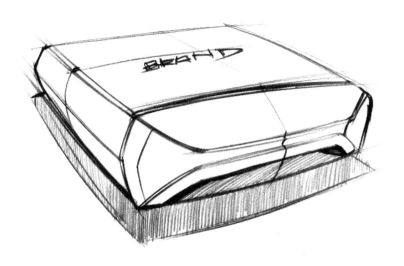

07 线稿画好后开始上色，首先从机箱的前端开始上色。

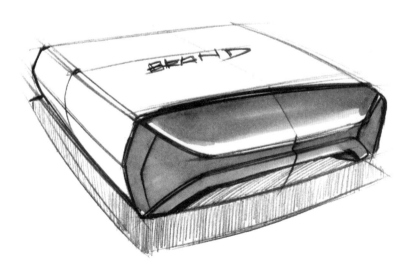

08 用黄色作为点缀，注意上色色块的比例控制。

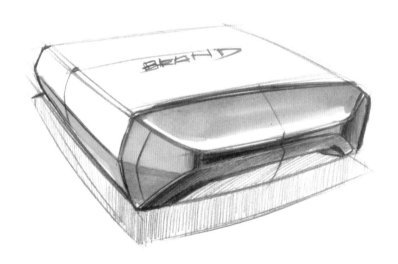

09 继续深入上色。

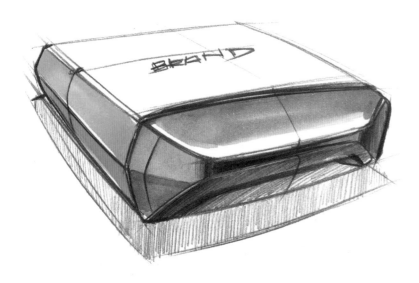

10 开始画机箱顶部的光亮材质，选择浅灰色上色，笔触垂直绘制。

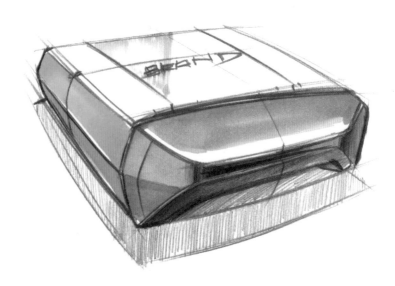

11 继续完善机箱顶部材质的上色。

12 机箱颜色当中的层次要有变化，形成强烈对比。

13 用高光笔点好高光，并且用白色彩铅勾勒机箱的边缘线。

14 画出机箱的投影，加深投影颜色，突出机箱的整体效果。

15 继续加强机箱顶部的材质光亮感，增加其对比度。

16 机箱前端的材质肌理效果要表现出来，绘制完毕。

案例分析： 喷枪的整体造型多为圆柱形的组合，绘制的时候注意整体造型比例分割，光影过渡要柔和，另外喷枪把手底部的连接管也要注意虚实变化处理。

01 喷枪产品手绘效果图线稿阶段展示。

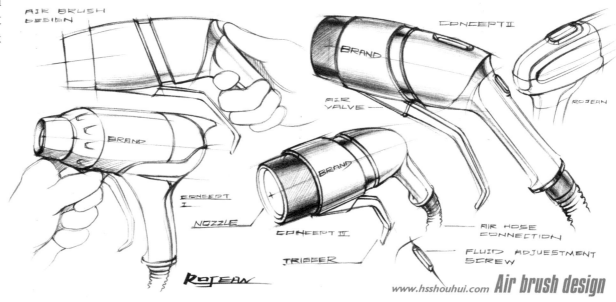

02 喷枪主要由圆柱体构成，先画出各自上下两端的边线，注意要表现出线条的柔韧性。

03 画出圆柱体前端的横截面，注意椭圆的透视变化。

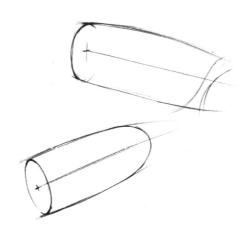

04 用线条逐步分割圆柱体，注意圆柱体的比例控制。

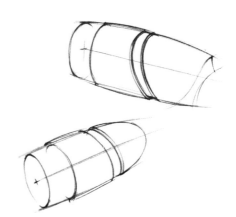

05 画出把手部分，把手和喷枪体连接要自然，过渡柔和。

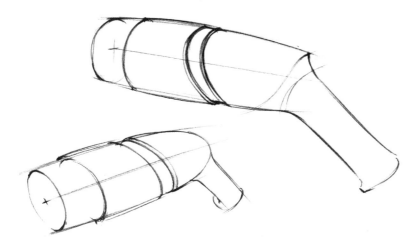

06 转换角度，画出侧面角度。

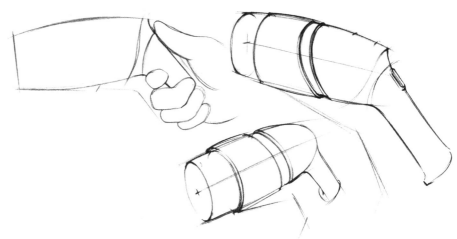

07 紧接着画出喷枪产品的第二套方案。

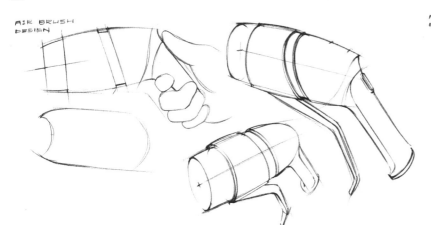

08 逐步深入方案。

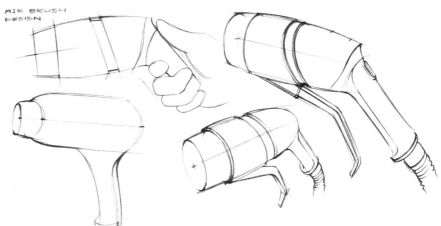

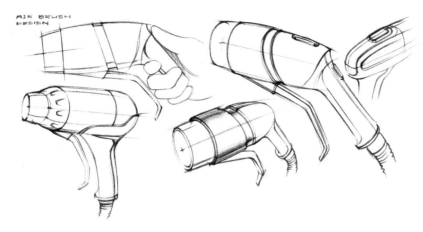

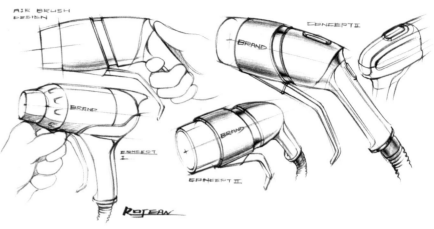

11 开始上色，注意马克笔笔触要顺着造型来画。

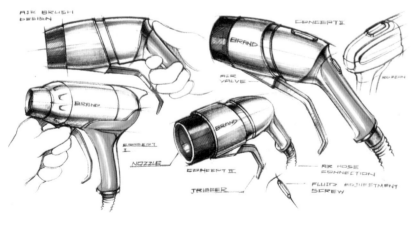

12 继续深入上色。

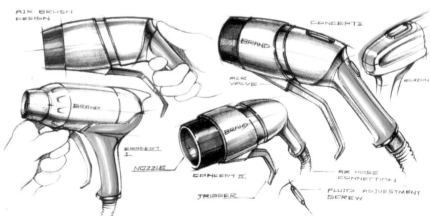

13 用马克笔工具加强颜色过渡。

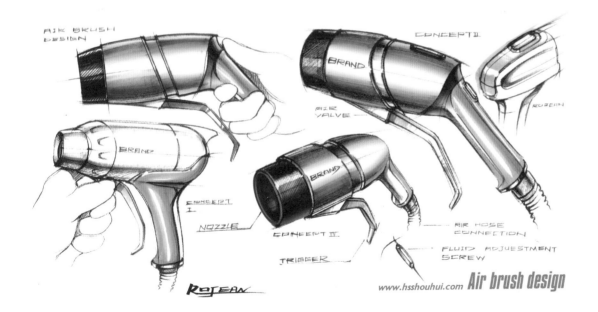

14 喷枪产品手绘效果图上色稿。

案例分析：手表的设计手绘中主要是手表主体和手表表带的造型。材质的表现，一个是金属材质，一个是软性材质。要在区分这两种材质的基础之上又能够达到手表主体和表带之间的统一，这些工作在上色之前线稿阶段就要表达出来，才能让上色过程更加凸显手表效果。

01 首先画出手表的轮廓线，注意线条的流畅性。

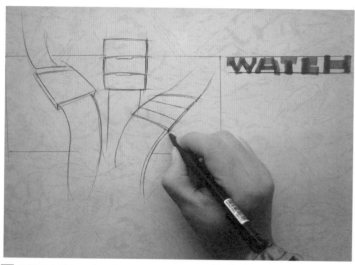

02 画出手表的投影，注意线条的疏密关系。

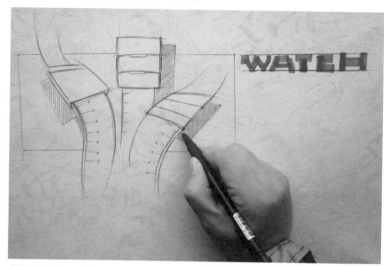

03 佩戴手表的场景也要表现出来，让整体画面更加生动。

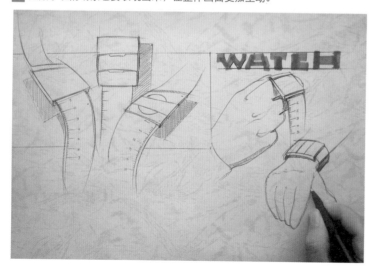

04 线稿画好后开始上色，首先从背景开始，佩戴手表的场景也要同步上色。

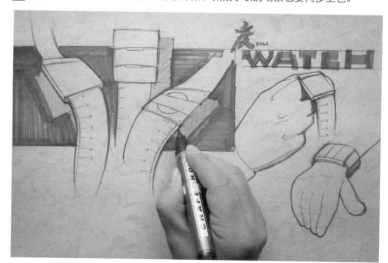

05 开始对表带进行上色。

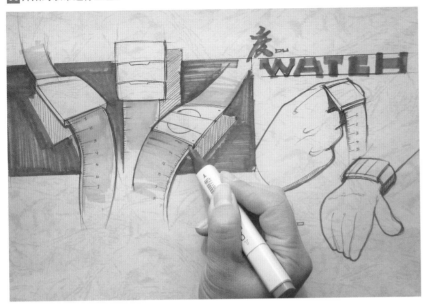

06 手表的主体包括有金属材质和玻璃材质等，这些材质效果也要表达出来。

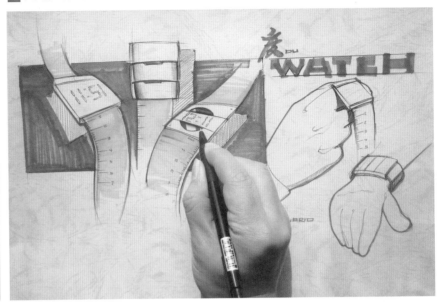

07 用高光笔点上高光，增加其质感。

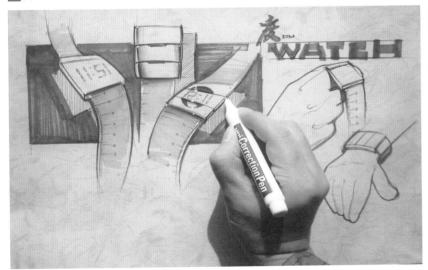

08 手表最后上色效果展示。

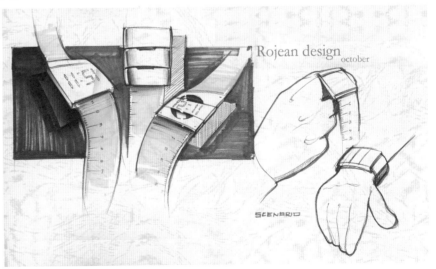

案例分析： 数据转换器的材质为橡胶材质与塑料材质的组合，在表达手绘效果图时要注意两种材质之间颜色、质感、肌理的对比关系。

01 数据转换器手绘效果图线稿阶段。

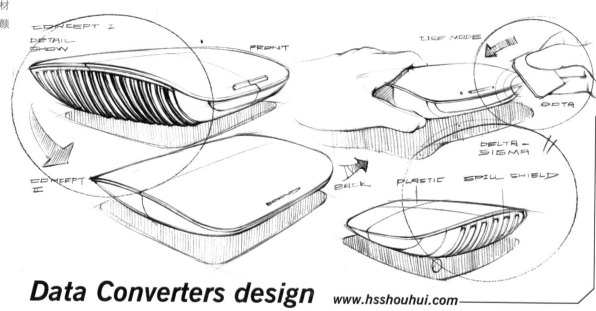

Data Converters design   www.hsshouhui.com

02 先画出顶盖的主要线条。

03 画出侧面的线条。

04 画出底部的线条。

工业设计手绘宝典——创意实现＋从业指南＋快速表现

05 画出结构线，线条要干脆、肯定，不能拖泥带水。

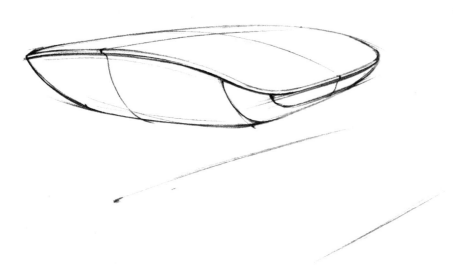

06 继续深入绘制。

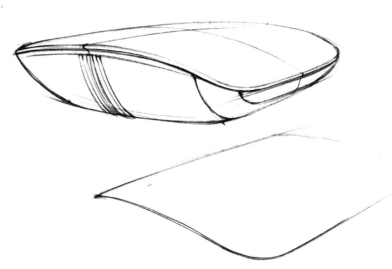

07 底部的凹槽要进一步刻画出来。

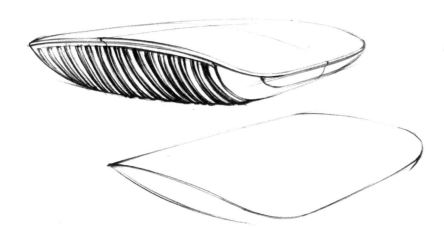

08 在画面右上方画出数据转换器的使用场景。

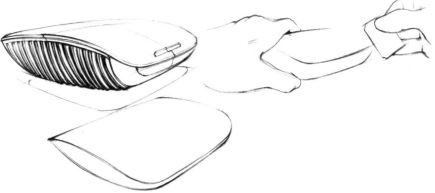

09 继续深入绘制出产品细节。

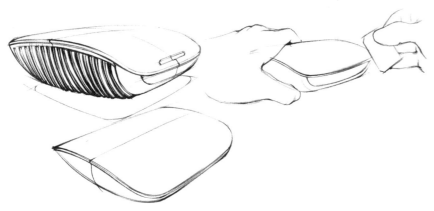

10 在画面右下方画出另外的角度。

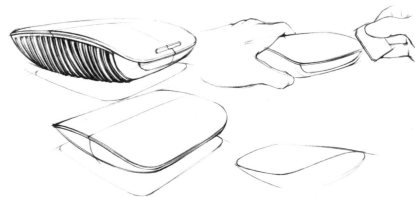

11 开始上色，首先用深灰色进行上色，画出底壳。

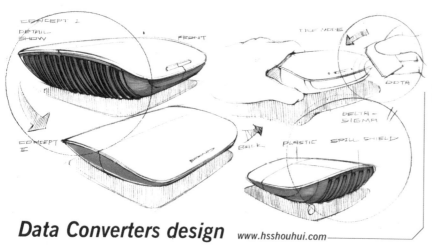

12 继续深入上色。

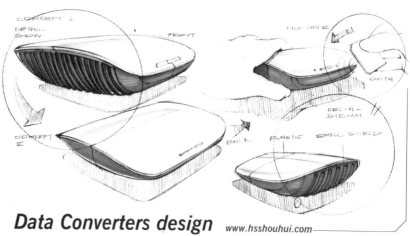

13 数据转换器上壳是浅色调，底壳是深色调，加强两者间的对比。

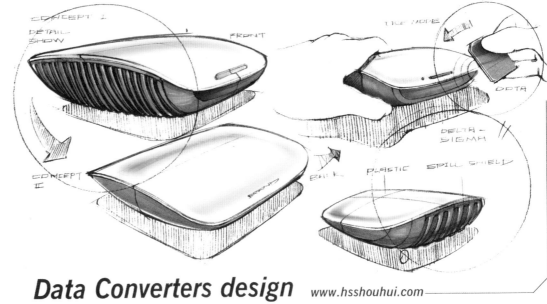

Data Converters design www.hsshouhui.com

14 数据转换器最终上色效果。

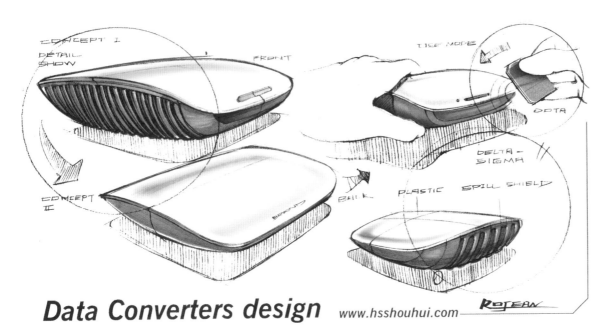

Data Converters design www.hsshouhui.com

案例分析：这款剃须刀设计有两个主要特点：第一，体积较小，各个零部件比较精密；第二，造型面、线条大多为曲面、弧线，在绘制的时候尤其要注意曲面与曲面之间的连接过渡关系。

01 首先画出大致轮廓。

02 在绘制好的线条里面进行线性切割。

03 继续深入细节，画出剃须刀的按键操作区域。

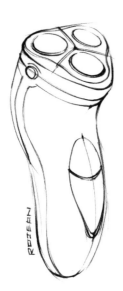 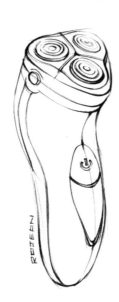 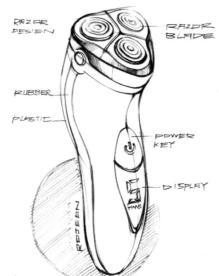

04 画出剃须刀的刀片区域。

05 继续深入绘制，注意线条的轻重缓急。

06 用排线的方式画出背景，注意线条的疏密。

07 线稿完成后开始上色，先用浅灰色、中灰色马克笔上色。

08 画出剃须刀的其他局部，比如电源按键灯。

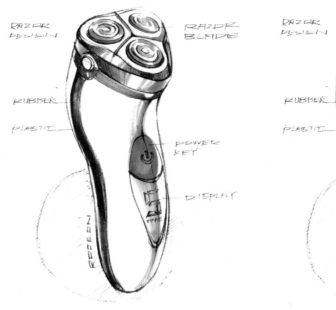

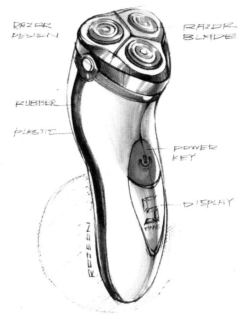

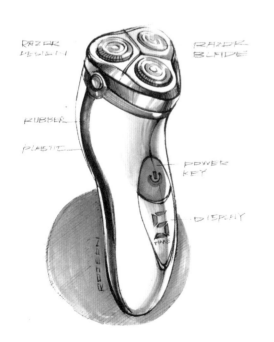

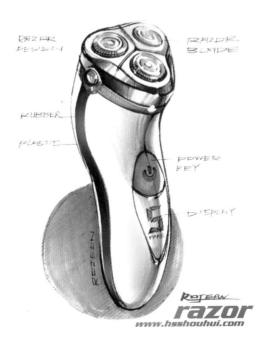

09 继续深入绘制局部细节。

10 最终效果呈现。

案例分析：小型电动工具属于电动工具的一类，特点是体积较小、便于携带。在画小型电动工具的时候要注意局部小造型的刻画，同时也要注意局部与整体的统一。配色主要以米黄色、深灰色、红色为主。

01 画出小型电动工具的外部大致轮廓线，其中包括把手和机体两大部分。

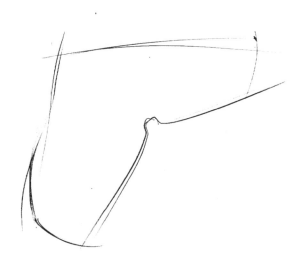

02 在已经画好的大致轮廓中进行线的分割。

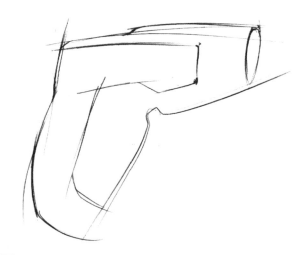

03 继续深入绘制，把手造型线条、头部造型线条等要表达出来。

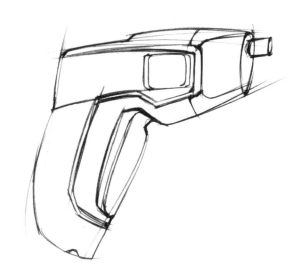

04 机身局部要深入刻画，注意线条的深浅变化。

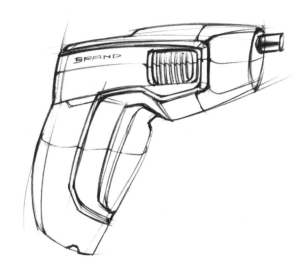

05 线条画好后开始上色，首先用浅灰色马克笔开始画。

06 继续深入上色，颜色要根据形体的转折来画，用米黄色和灰色的配色进行搭配，注意上色颜色要均匀。

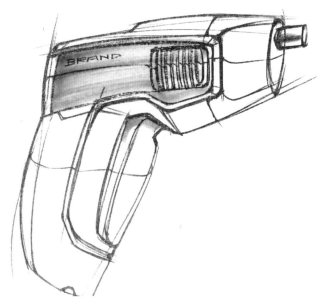

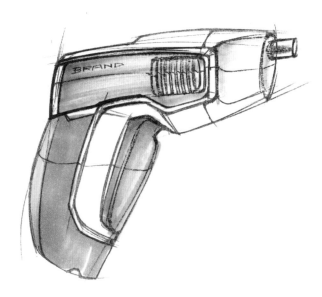

07 把手暗部区域要加深，颜色层次要区分开。

08 最后上色效果展示。

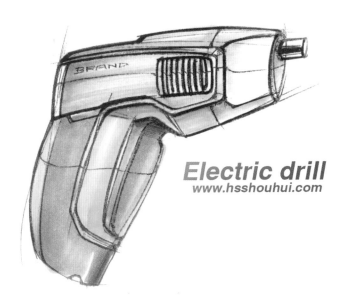

Electric drill
www.hsshouhui.com

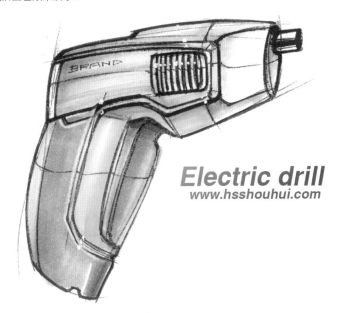

Electric drill
www.hsshouhui.com

案例分析: 眼镜概念设计的首要条件是要符合人体,眼镜镜框和支架的角度变化不能影响使用者的视线。要注意线与线之间的衔接,另外镜框和支架之间的角度关系要把握准确。

眼镜概念设计手绘 A

01 首先画出眼镜的镜架和镜框的大体轮廓线。

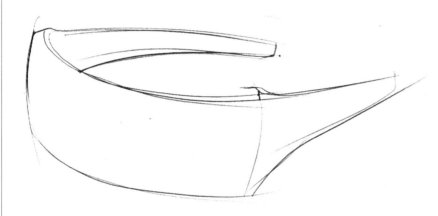

02 在画好的眼镜镜框大致线框中进行线的分割,注意前后透视关系。

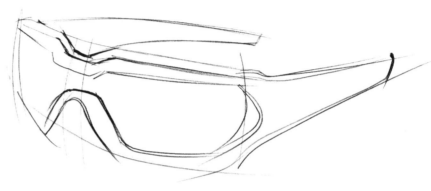

03 用排线法画出眼镜上面的背光区域,让眼镜整体效果更有立体感。

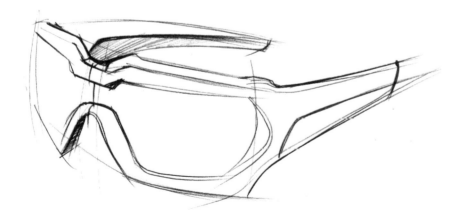

04 对镜片上面的光影用排线法进行绘制,要注意线的疏密程度。

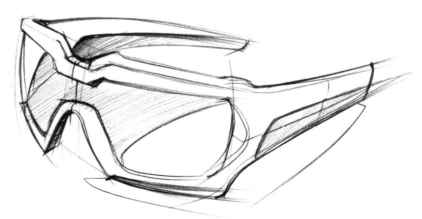

05 继续深入绘制，投影要画出来，注意投影线和眼镜主体的线条轻重是有区分的，镜框、支架的线条相对来说更重一些。06 线稿画好以后开始上色，选用中灰色马克笔进行上色，先画镜框。

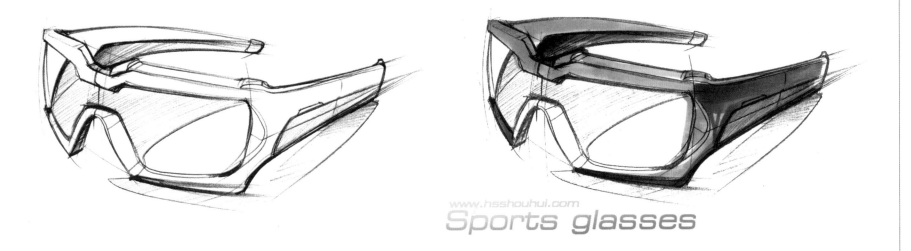

www.hsshouhui.com
Sports glasses

07 选用蓝色对眼镜镜片进行上色，给镜片上色时要注意笔触的走势，要表现出镜片晶莹剔透的感觉。

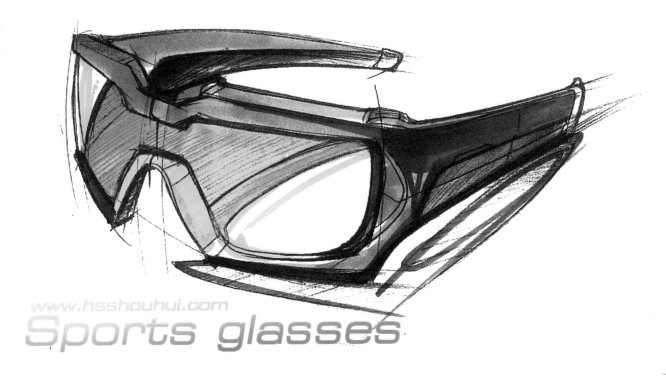

www.hsshouhui.com
Sports glasses

眼镜概念设计手绘 B

01 这是另一款眼镜概念设计的线稿，先用圆珠笔轻轻画出这款眼镜的大体轮廓。

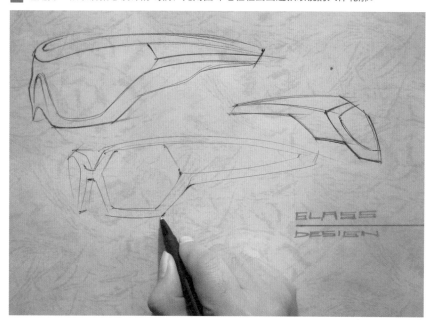

02 继续使用圆珠笔对眼镜镜片光感进行排线表达。

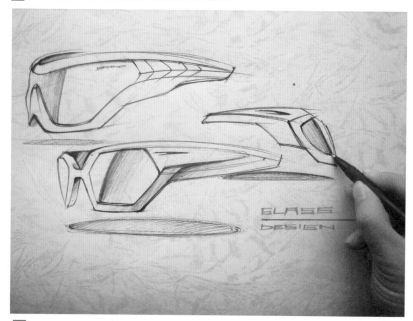

03 画好眼镜线稿，准备上色。

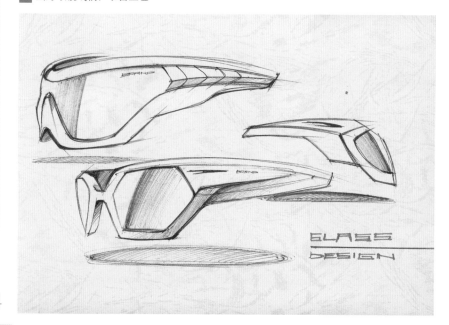

04 先用黄色对镜片上色，注意笔触的方向统一性。

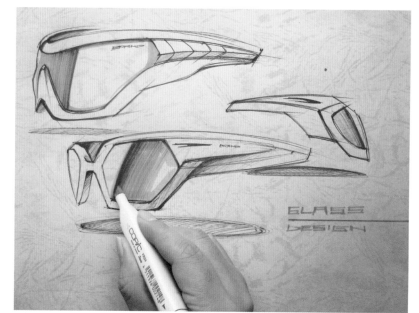

05 画出支架的颜色，这里选用中灰色进行配色搭配。

06 继续深入上色。

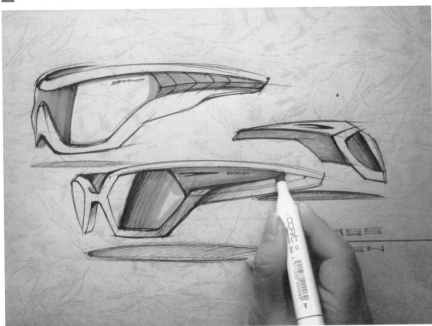

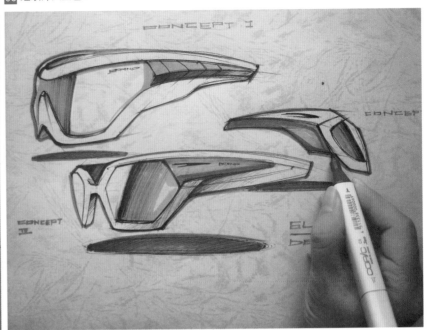

07 用高光笔点好高光，尤其是眼镜镜片的高光
点要表现出来。

案例分析： 遥控器主要是由集成电路板等部件组成，使用方式多为手持，因为体积较小，所以在画遥控器效果图的时候比较好把握其比例，注意遥控器上面的按键面积大小必须均匀。画的时候要大气、简洁，按键一目了然。使用便捷是遥控器的主要设计方向。

遥控器设计手绘过程 A

01 首先用四根线表达出遥控器的顶面透视关系。

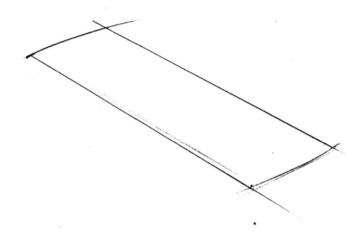

02 从顶面延伸出遥控器的底面，注意线条的流畅性，再画出右侧面，整个大致形体轮廓就画好了。

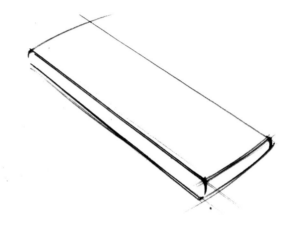

03 把顶面划分为四个区域，分别有不同功能。

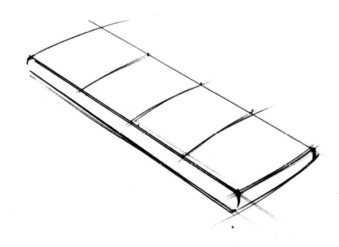

04 画出遥控器的投影，注意投影的边缘线条透视关系和遥控器边缘线的透视关系一致。

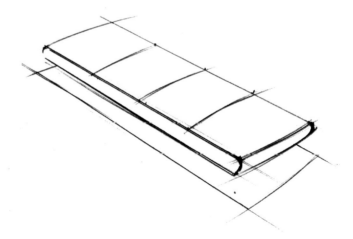

05 用排线法铺出遥控器投影的明暗调子以突出主体，画出按键上的图标，线稿完成。

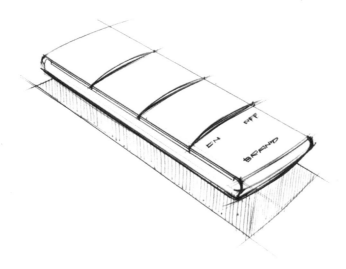

06 开始上色，先选用深灰色马克笔进行上色。

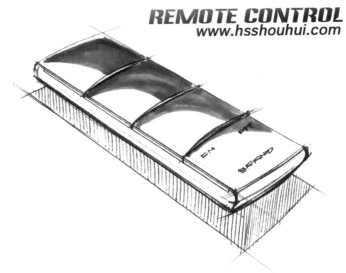

07 用浅灰色马克笔把按键按照从左往右的方向上色，注意笔触方向的统一性。

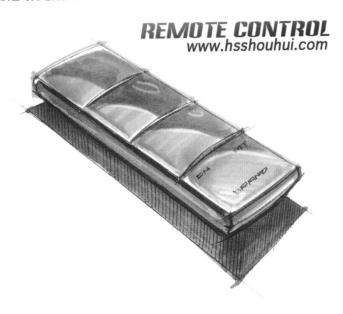

08 用高光笔点好高光，遥控器绘制完毕。

案例分析： 阅读扫描笔又叫做微型扫描仪或者手刮式扫描笔，阅读扫描笔方便携带，便于移动办公，主要用于扫描办公文件、文字，还可以阅读扫描报纸、刊物、试卷等。配色一般由银灰色、白色、黑色等为主色调。

01 用简单的一笔勾勒出大体轮廓线，注意线的弧度控制。

02 紧接着上一步在画好的阅读扫描笔大体轮廓线中进行线性分割。

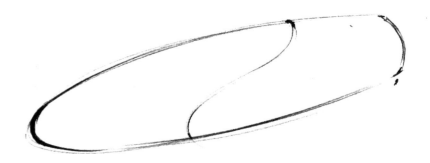

03 画出阅读扫描笔的操作按键区域线框。

04 继续深入绘制，画出阅读扫描笔的操作按钮。

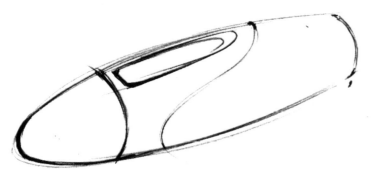

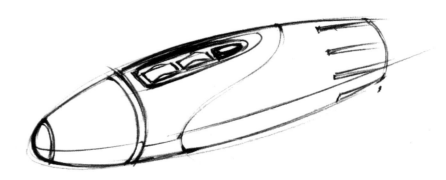

05 用排线法铺出投影明暗调子，线稿完成。

06 对笔头进行上色，注意颜色的层次变化。

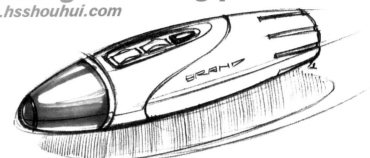

07 进一步深入上色，注意保持颜色笔触的流畅感。

08 阅读扫描笔最后效果展示。

第 10 章　手绘技法表现之产品

案例分析：运动鞋属于运动类产品，在画运动鞋手绘效果图时要注意把运动鞋的动感体现出来，可以从运动鞋的流线型造型和配色上去体现这种动感。在线稿绘制中，线条要有一定的力度，这样容易表现出速度感和力量感。

01 首先勾勒出运动鞋的边缘轮廓线。

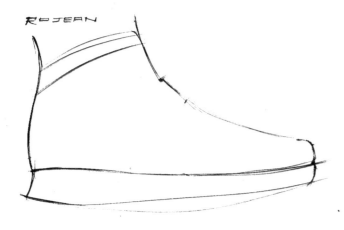

02 开始进行线性分割，主要是运动鞋上面不同材质区域的分割。

03 画出鞋底造型，要注意线条的轻重缓急。

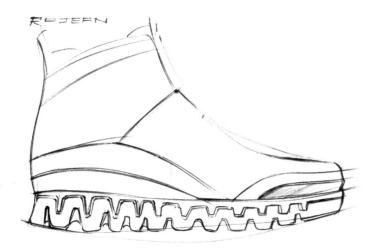

04 侧边造型元素需要深入绘制。

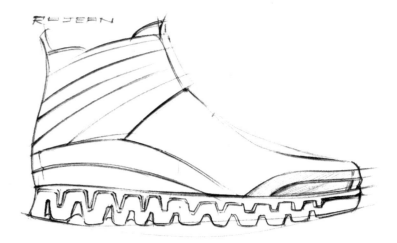

05 用排线法对下半部分进行明暗调子的表达，以区分运动鞋上不同的材质。

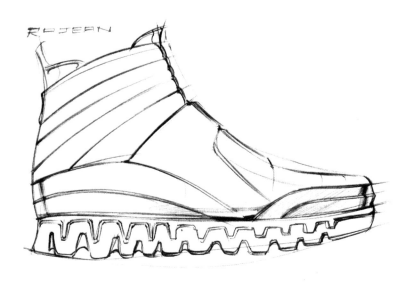

06 继续用排线方法进行各个局部区域的深入绘制。

07 画出运动鞋上面的缝线，线稿完成。

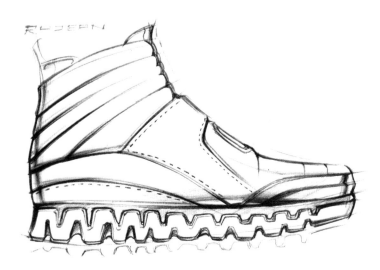

08 开始上色，首先用较深颜色的马克笔画，注意留出高光区域。

SPORT SHOES
www.hsshouhui.com

第 10 章 手绘技法表现之产品

141

SPORT SHOES
www.hsshouhui.com

SPOR

10 运动鞋最后效果展示。

工业设计手绘宝典——创意实现 + 从业指南 + 快速表现

案例分析： 智能电子导航仪器属于掌上用品，体积较小，因此在效果图表现中体积不能画得太大，比例要适当，上色时配色多以银、灰、珍珠、橙色为主。

01 手绘效果图线稿。

02 首先用简单的四条线画出智能电子导航仪器的顶面。

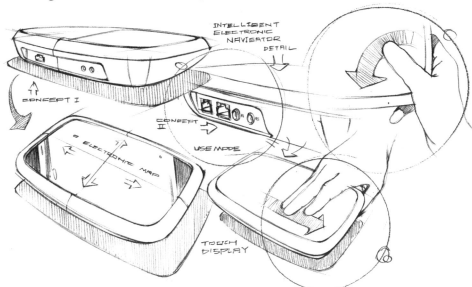

03 继续深入绘制。

04 画出智能电子导航仪器的底部边线。

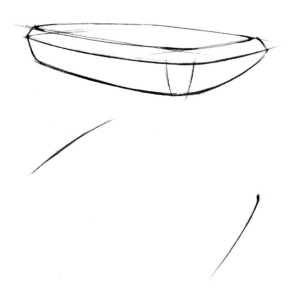

07 同样，也是先画出智能电子导航仪器的顶部面体。

08 开始刻画智能电子导航仪器的局部细节。

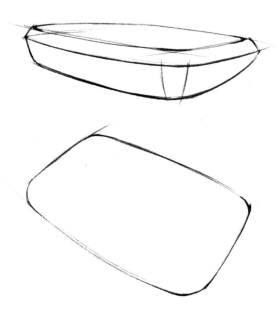

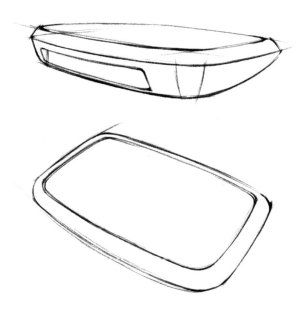

09 在画面右下方画出智能电子导航仪器的使用方式示意。

10 加上设计标注，包括箭头以及文字标注等，画出智能电子导航仪器的投影。

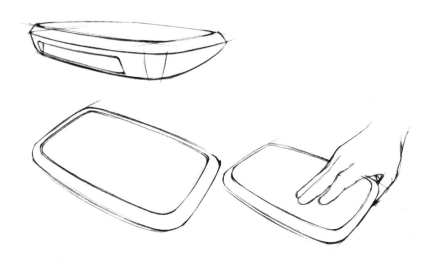

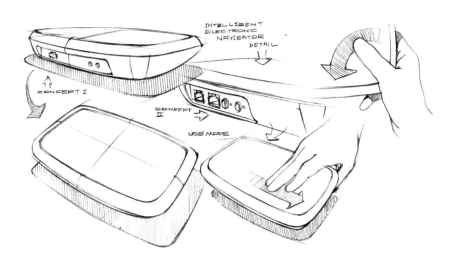

11 线稿完成后开始进行上色。

12 逐步深入绘制。

Intelligent electronic navigation instruments www.hsshouhui.com

Intelligent electronic navigation instruments www.hsshouhui.com

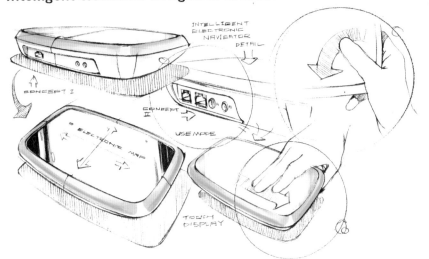

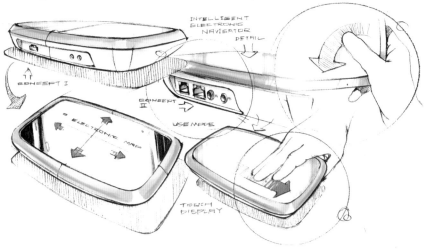

Intelligent electronic navigation instruments *www.hsshouhui.com*

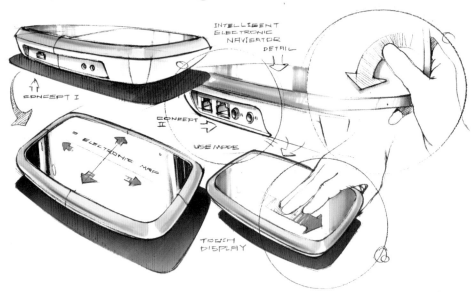

Intelligent electronic navigation instruments *www.hsshouhui.com*

14 最终上色效果的呈现。

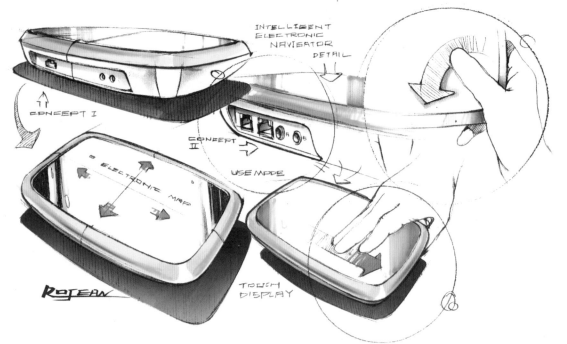

案例分析：桌面案台产品包括很多种，可以细化出很多类型，多在办公场所里使用，是辅助办公的一种产品类别。桌面案台产品的配色一般比较温馨，体现一种办公环境的气氛。画桌面案台产品效果图时，可以用橙色、黄色、灰色、白色、蓝色等进行配色处理。

桌面案台产品设计手绘过程 A

01 首先画出大致体块和其投影外轮廓线。　　02 用排线法画出其投影。　　03 画出局部造型元素。　　04 用排线法把产品左边造型的暗部区域表现出来。

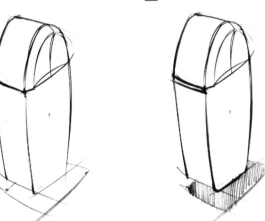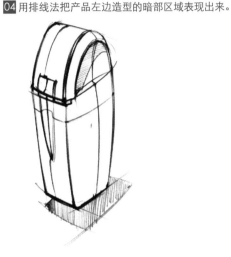

05 继续深入绘制，完善线稿。　　06 开始上色，首先用灰色马克笔画左侧边，也就是背光区域。　　07 用黄色搭配灰色来上色，表现产品的上半部分，记住留出高光区域。

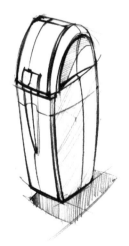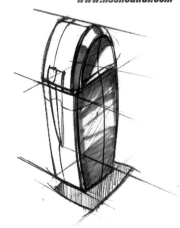

Desktop case product
www.hsshouhui.com

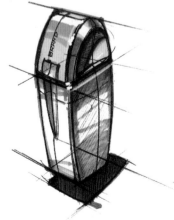

Desktop case product
www.hsshouhui.com

第 10 章　手绘技法表现之产品

桌面案台产品设计手绘过程 B

01 画出大致轮廓。

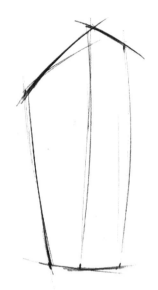

02 进行体块分割。

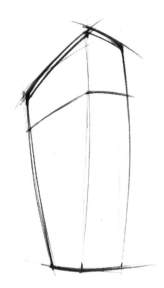

03 对中间区域的局部造型进行深入。

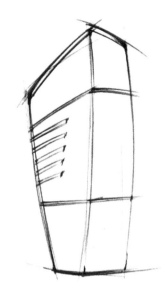

04 画出产品的结构线。

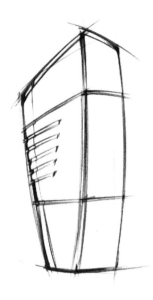

05 右侧用排线法铺出暗部区域，线稿完成。

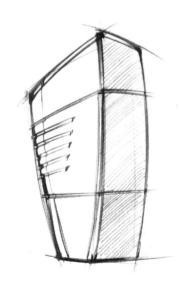

06 用中灰色对中间区域上色。

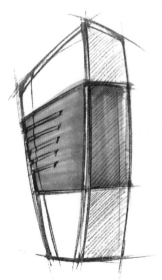

07 运用橙黄色搭配灰色上色，用高光笔点出高光，绘制完毕。

第11章　手绘技法表现之交通工具（非汽车类）

　　交通工具的设计手绘表现难点在于比例的控制和各种造型在同一画面中的透视关系的统一性，我们在画交通工具和概念机器的手绘效果图时首先就要抓住其主要造型的特点进行其最外部轮廓线的绘制，然后再一步一步深入。

案例分析：城市摩托车也是一款比较概念的车型，在画的时候主要需要把握好比例，车与人的比例，车与车的比例关系，要注意车轮，车身的透视关系，整体感觉要大气，上色时配色以简洁为主。

01 把摩托车在画面中的角度、位置确定下来，主要是车身、前后轮胎这三大块。

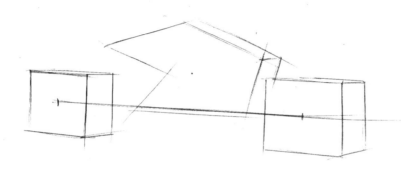

02 构图要均衡一些，所以在画面右边区域添加了一个骑着小型摩托车的人物。

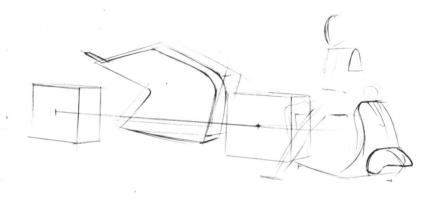

03 进一步深入，把两个轮胎中心距离确定下来。

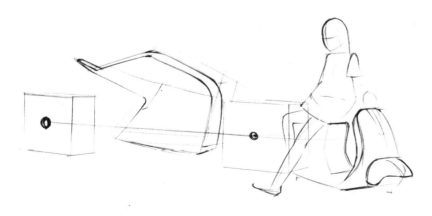

04 在画城市摩托车的同时要注意右边的人物，两者透视关系要准确协调，透视要一致。

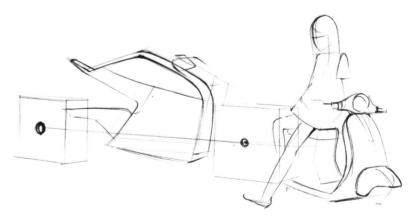

05 画出城市摩托车的手柄，右边起到衬托作用的小型摩托车也要同时进一步深入，右边这个人物和小型摩托车的作用除了起到衬托、稳定构图的作用，同时也起到了标明城市摩托车的大致比例的作用，也就是说除了衬托作用还有一个参照作用。

06 城市摩托车的车轮要进一步深入，要注意前后的透视关系，车轮的内外层次都要表达出来。

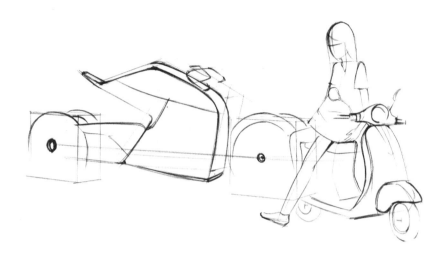
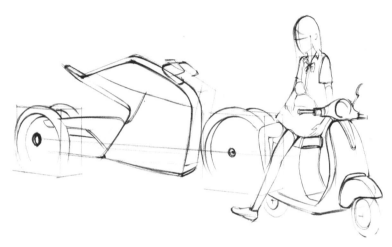

07 深入画出零部件，比如车身和车轮的衔接零件。

08 城市车轮里面的细节也要表达出来。

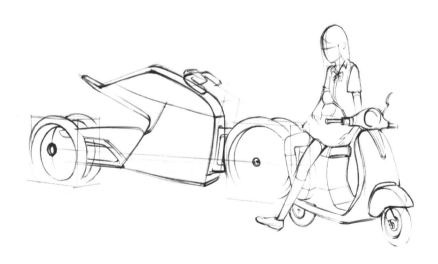
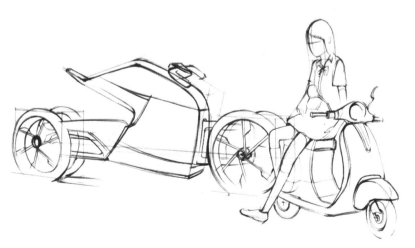

09 开始上色，首先用浅灰色马克笔上色，从轮胎开始画。

10 车身与车轮胎的连接处进行上色处理。

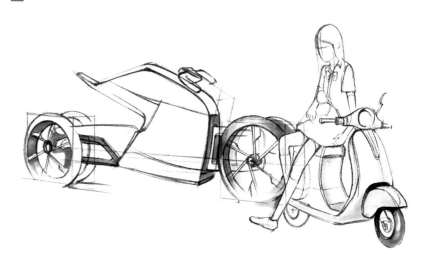

11 开始城市摩托车下半部分的配色。

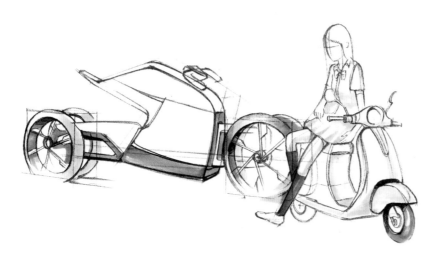

12 城市摩托车上半部分的颜色用中灰色表达出来，整体效果有一个色块的区分。

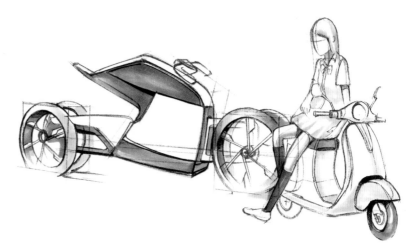

13 加深城市摩托车上面的暗部区域，右边人物和小型摩托车的暗部区域也要加深。

14 城市摩托车的车身白色部分可以用浅灰色马克笔稍微润色一下。

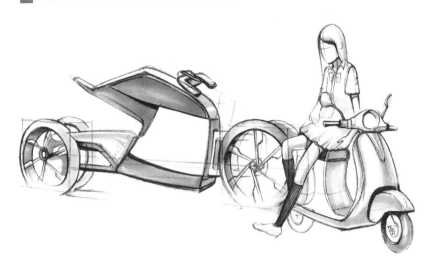

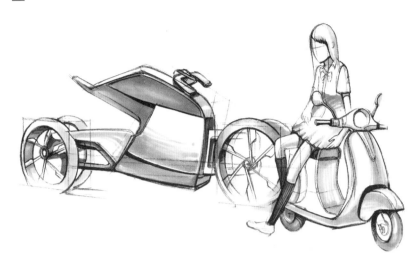

15 城市摩托车的投影也要画出来，绘制完毕。

MOTO
www.hsshouhui.com

案例分析： 不要因为机器人身上复杂多变的造型而感到不知道如何下笔，其实只要把这些复杂的造型元素简单化，用概括的方法去处理就好了。在画机器人的时候笔触要轻松，不能一下笔就用很重的线条。

超酷机器人 A

01 首先画出主躯干的大致线条，用点的方式表现腿部关节。

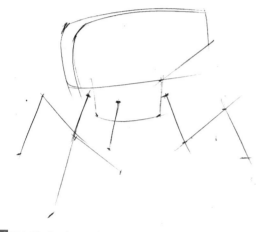

02 根据腿部躯干线条画出腿部，注意造型、形体曲折的合理性。

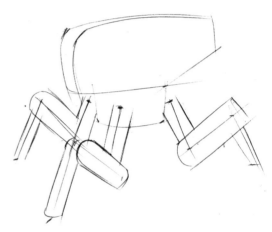

03 腿部造型元素需要表达清楚，主要是圆柱体之间的衔接，注意要有一定变化，但是又要有统一的效果。

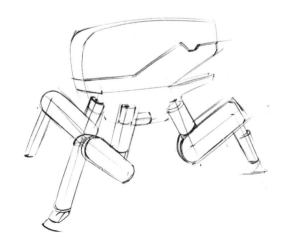

04 开始深入刻画机器人侧边的线稿。

05 开始深入刻画腿部，注意形体和形体之间的穿插结构。

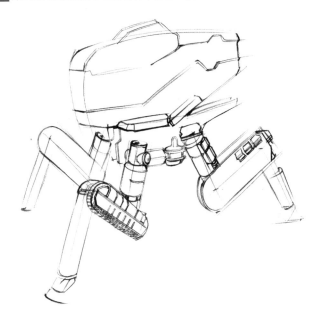

06 机器人身上的很多小造型都需要表现出来，比如接缝，凹槽等。

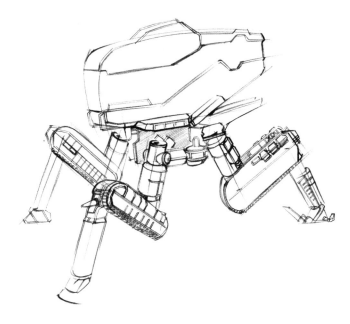

07 线稿部分完成。

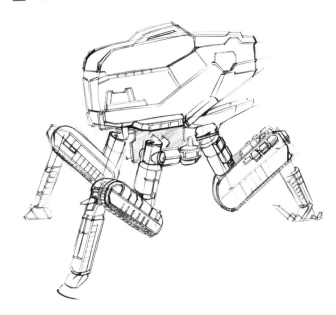

08 开始上色，首先从下半部分开始着手。

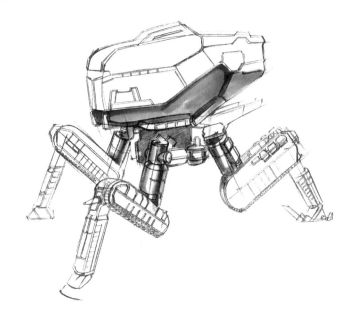

09 主体部分用灰色马克笔上色，注意笔触的均匀度。

10 继续深入上色。

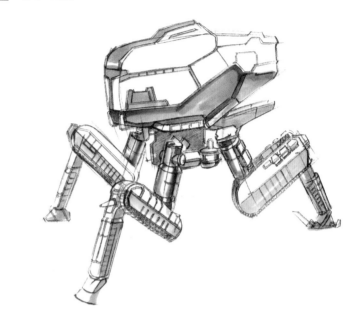

11 这一步着重对机器人的腿部进行刻画，深入上色。

12 画出机器人的投影，衬托出机器人的造型。

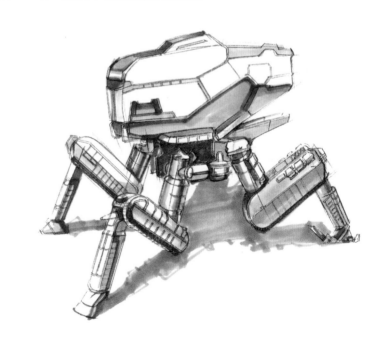

13 对机器人侧边部分进行上色，加深投影，突出机器人的主体造型。

14 机器人灰色部分上色完成后，再选择橙黄色进行点缀。

15 继续深入上色。

16 用高光笔点上高光，绘制完毕。

超酷机器人 B

01 首先画出机器人的身体躯干线条。

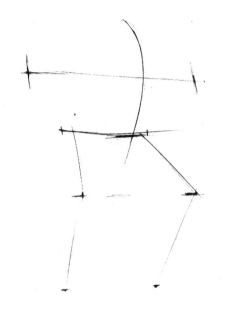

02 画出机器人的身体、手臂和腿部躯干的线条。

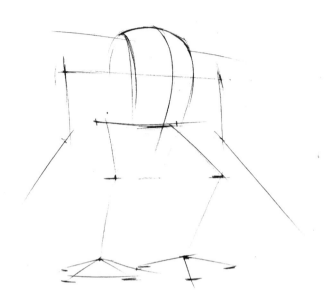

03 机器人右边画了一个人物衬托出机器人的高度，让整体画面更加生动。

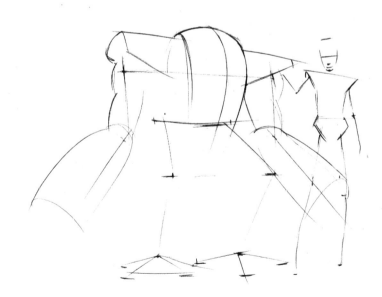

04 画出机器人的腿部造型。

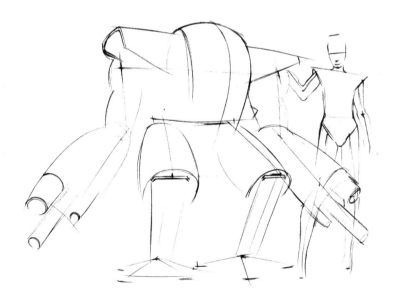

05 着重刻画机器人的手臂关节和腿部关节的造型元素。

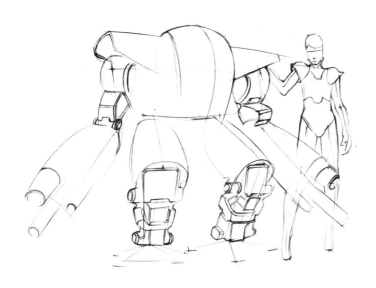

06 绘制人身上的局部小造型。

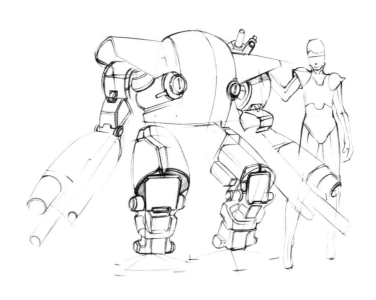

07 依次画出机器人手臂造型元素。

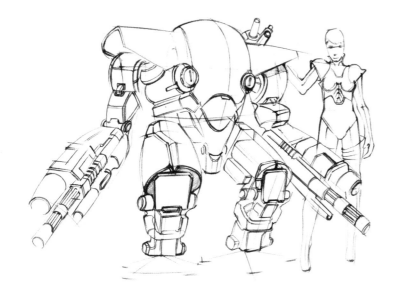

08 机器人的造型和右边人物造型的线稿完成了。

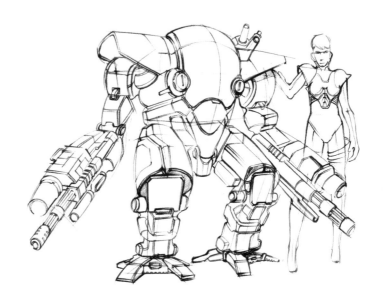

09 腿部上色，可以先用浅灰色上色，慢慢再加深处理。

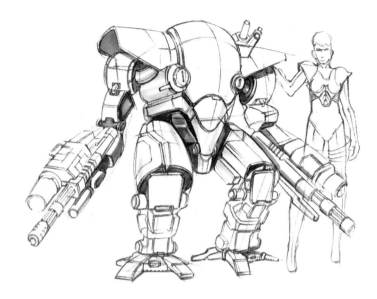

10 肩膀、手臂、脚部的暗部阴影等，可以用深灰色进行加深处理。

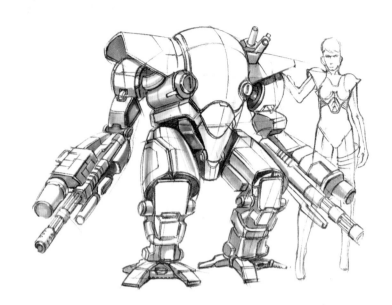

11 继续深入绘制机器人的各个局部造型。

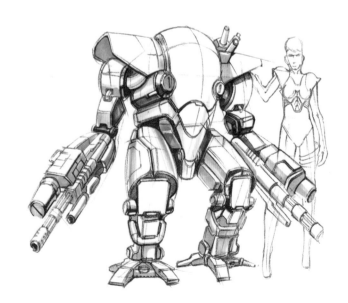

12 右边人物也要进行上色细化，注意不要喧宾夺主。

ROBOCOP
www.hsshouhui.com

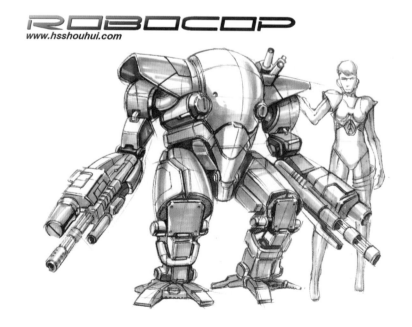

工业设计手绘宝典——创意实现＋从业指南＋快速表现

案例分析：概念车是设计者展示新颖、独特、超前构思的一种方式，往往只是处在创意试验阶段。在画概念车的时候要注意造型统一，上色时要注意笔触的连贯性以及色彩和概念摩托车风格之间的吻合度。

01 首先画出概念摩托车的大体轮廓线。

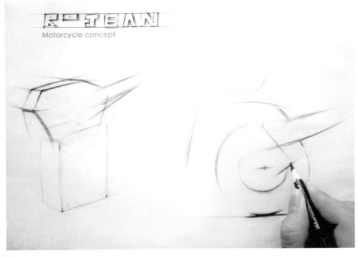

02 在画好的大体轮廓线上面进行深入绘制。

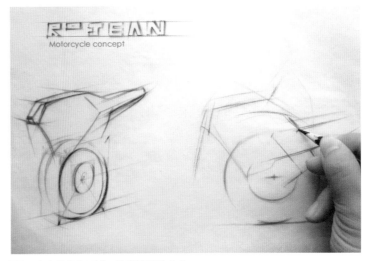

03 驾驶者的局部区域也要细化。

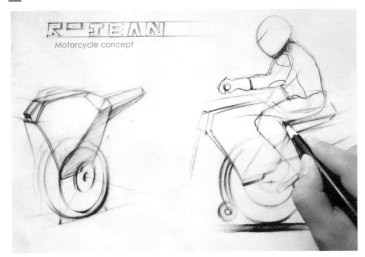

04 画出车轮背光区域，注意排线的方向。

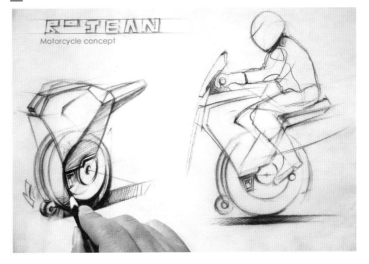

05 在整体画面中间再添加一个另外角度的概念摩托车。

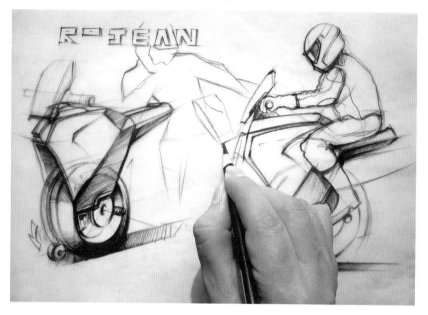

06 继续深入绘制。

07 线稿完成。

08 开始上色，首先从车身开始。

09 对概念摩托车车身上色的同时也要对驾驶者进行深入上色。

10 概念摩托车最后上色效果展示。

案例分析：摩托车的分类有很多种，有后面要讲到的越野摩托车、道路摩托车、嬉皮摩托车、迷你摩托车等，这些案例上色时颜色可以多样化，一般以蓝色、红色、橙色为主。

摩托车 A

01 首先用圆珠笔勾勒出摩托赛车的大致轮廓。

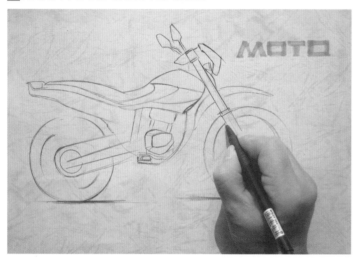

02 后轮的锯齿要表现出来，这起到提高抓地力的作用。

03 继续深入绘制。

04 画出前轮的钢圈，另外细化摩托赛车的其他局部造型元素。

05 线稿完成。

06 开始上色，首先选用中灰马克笔画出后轮胎。

07 对摩托车的排气管、座垫、轮胎等部件进行上色。

08 选用蓝色主体部分（比如气缸体等）进行上色。

09 对前端的连杆进行上色处理，注意笔触感觉要直挺。

10 用高光笔点上高光，增加各零部件的质感。

11 轮胎上色局部效果。

12 最后效果的展示。

摩托车 B

01 首先画出几根主线、车体外轮廓线、轮胎外轮廓线。

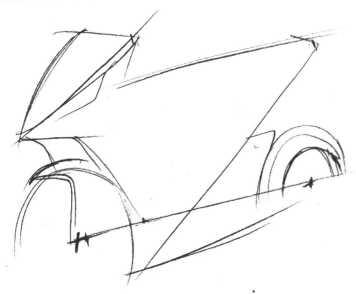

02 根据上一步画好的摩托赛车主线进行线的分割。

03 进一步绘制，主要是对侧边造型的刻画。

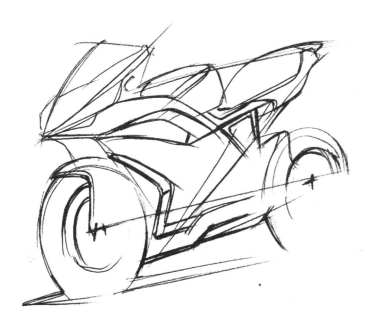

04 用排线法对暗部区域进行层次区分，突出主体，注意加深线条时，车身线条和轮胎线条有轻重之分。

07 对车轮进行上色，要体现出车轮的厚重感，要记住笔触要干脆利索，不能拖泥带水。

08 最后的效果展示。

摩托车 C

01 首先画出车体大致轮廓线。

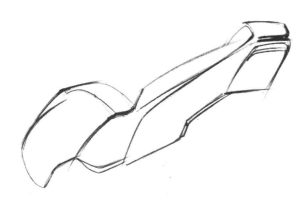

02 根据第一步画好的车体大致轮廓进行延伸，开始画后挡泥板的外轮廓线。

03 开始画车把手、反光镜等局部造型元素。

04 继续深入其他局部细节，挡泥板、尾灯等表达出来。

05 对尾部造型区域继续深入，可用排线法进行层次的区分。

06 开始上色，首先用灰色马克笔上色，要注意上色时颜色均匀，沿着边缘线划动笔触。

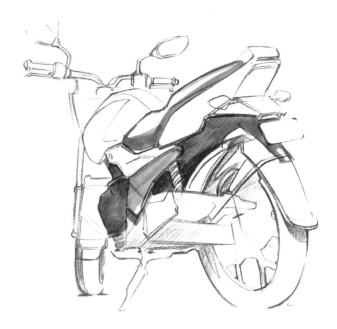

07 继续用灰色马克笔画出前挡风玻璃、车体发动机等。

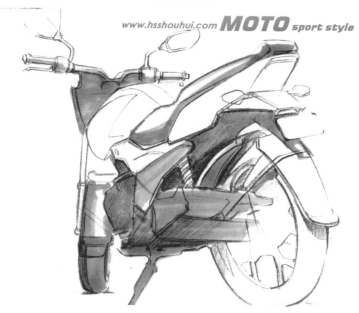

08 车体颜色选用红色，上色时颜色要均匀。

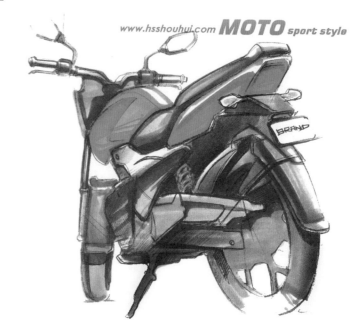

www.hsshouhui.com MOTO sport style

工业设计手绘宝典——创意实现 + 从业指南 + 快速表现

摩托车 D

01 画出座椅造型等主要部分的轮廓线,注意线条的变化。

02 根据上一步画好的摩托车局部展开延伸,深入绘制。

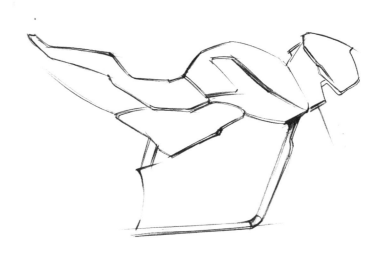

03 定出两个轮胎中心的大致位置。

04 紧接着上一步,画出轮胎上半部分的轮廓线。

05 继续深入轮胎的绘制。

06 适当地用排线方法画一些明暗调子，让层次丰富起来。

07 深入车身造型还有其他小局部，注意各个局部线条的轻重变化。

08 继续用排线方法画出小局部的暗部区域。

09 线稿完成后开始上色，首先用黑色马克笔画出座椅等局部的深色区域。

10 在已经画好的黑色上面继续用中灰色马克笔上色。

11 等到上灰色区域画好以后，开始选用红色进行车身的上色。

Motorcycle
www.hsshouhui.com

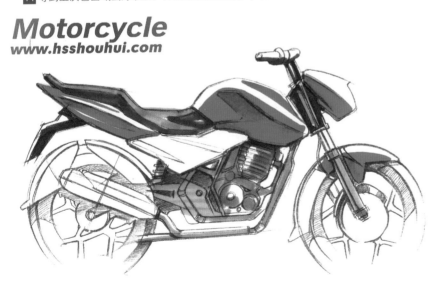

12 对车轮进行上色，注意颜色的层次变化。

Motorcycle
www.hsshouhui.com

13 气缸、减震等要深入刻画。

14 继续深入上色。

15 加深各个零部件的背光区域，拉开与受光区域的对比度。

16 用高光笔点好高光，绘制完毕。

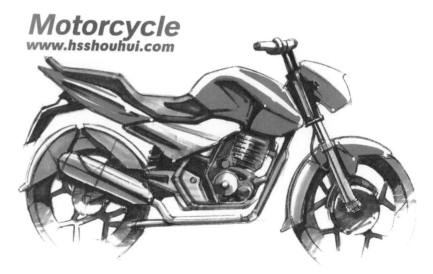

摩托车 E

01 画出轮胎透视中轴线。

02 绘制出简单的两个几何体块，标注出轮胎的具体透视关系。

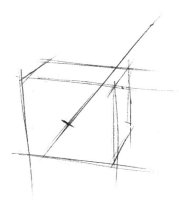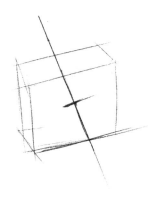

03 以轮胎为基本参照物，开始绘制车身。

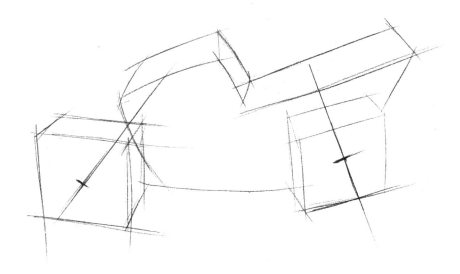

04 进一步绘制其他部件。

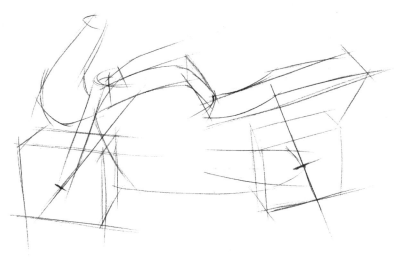

175

第11章　手绘技法表现之交通工具（非汽车类）

05 把手、轮胎、前档风玻璃等进行深入绘制。

06 为了让摩托赛车的大小比例有一个对比，让画面更加生动，可以适当增加一些参照物，比如人物、动物等。

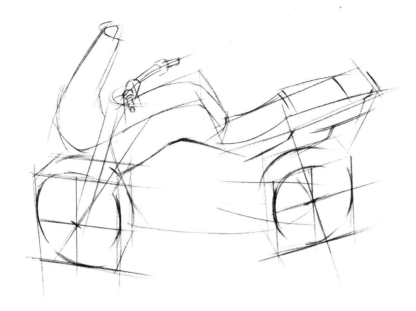

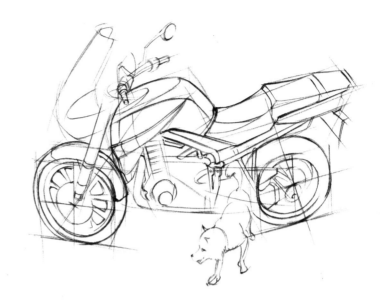

07 逐步深入绘制局部细节。

08 画出投影，摩托赛车效果图绘制完成。

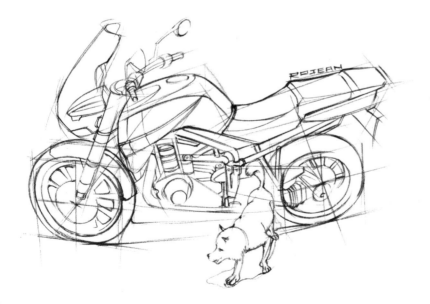

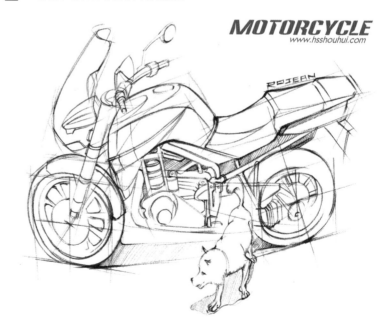

MOTORCYCLE
www.hsshouhui.com

摩托车 F

01 首先画出车体大致轮廓，注意线条要比较放松。

02 在上一步画好的车身大致轮廓基础上画出摩托车的座垫造型。

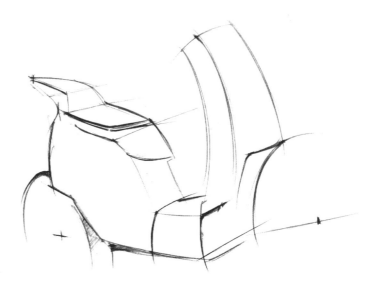

03 画出车轮的造型，注意车轮造型的不同层次变化。

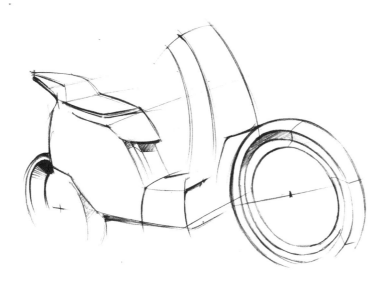

04 继续深入绘制。

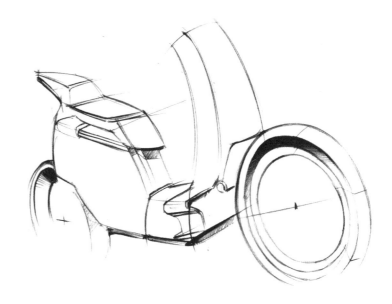

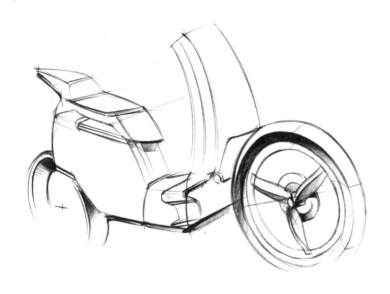

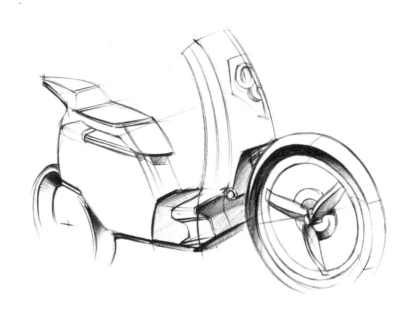

07 画出把手、尾翼、照明灯等局部造型元素。

08 对摩托车的右侧造型进行深入绘制。

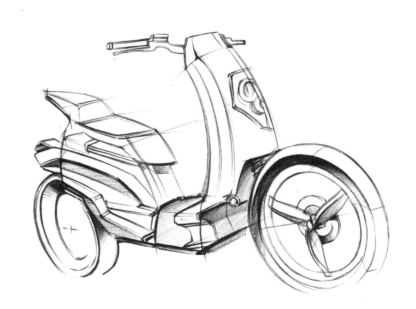

09 线稿完成。

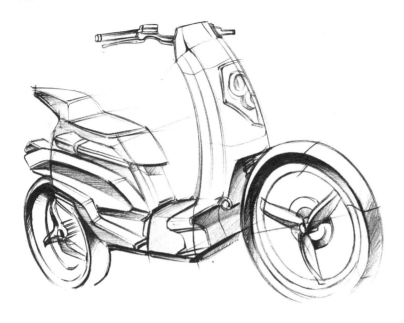

10 开始上色，首先用浅灰色马克笔上色。

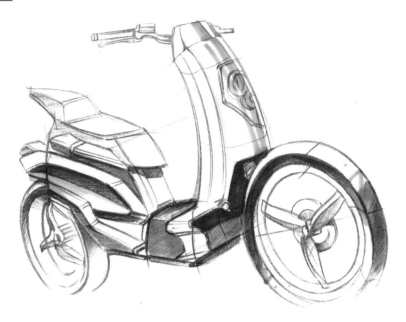

11 选用浅灰色和中灰色马克笔交代清楚背光区域。

12 选用蓝色对车身和座椅等部分进行上色，注意上色时笔触和造型方向统一。

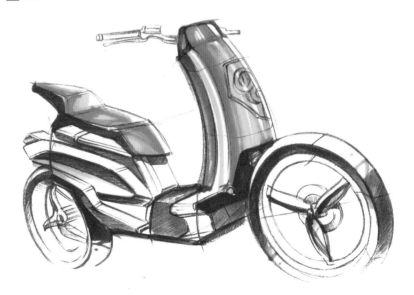

15 用高光笔点上高光，继续深入上色。

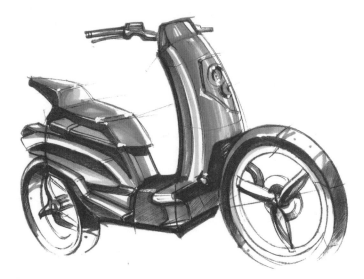

16 选用纯度较高的红色给尾灯上色，注意这一步同时也要把尾灯的红色光晕效果表达出来。

案例分析：顾名思义，沙滩赛车的行驶场地是在沙地上，因此沙滩赛车的车轮锯齿较高，在画沙滩赛车的时候要着重刻画。另外沙滩赛车的配色也较为多样化，可以有灰色、橙色、黄色、蓝色、红色等配色，手绘效果图要表现出沙滩赛车的速度感和力量感。

沙滩赛车 A

01 首先画出沙滩赛车的几根主线，把车体轮廓线勾勒出来。

02 标出车体和车轮之间的位置，注意局部和整体的统一性。

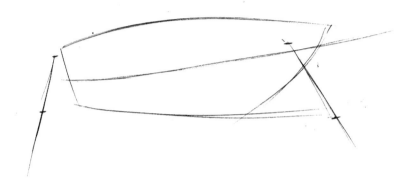

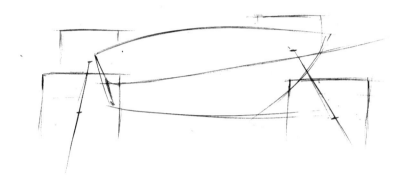

03 画出四个车轮，要注意其远近透视关系。

04 在画好的沙滩赛车的车体大轮廓上面进行部件的线条分割。

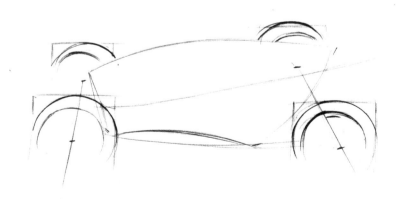

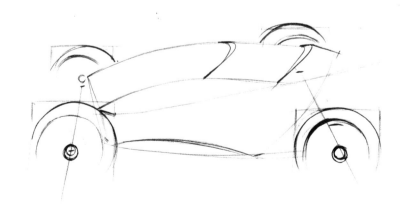

05 为了整张效果图更生动，构图更加饱满，在沙滩赛车的左上方设置了一个人物。

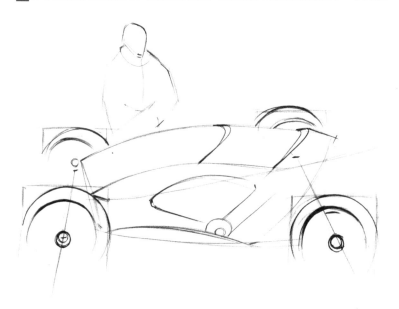

06 进一步深入绘制，注意线条的轻重缓急。

07 在继续画车身其他局部的同时，也要注意人物的细化。

08 开始对沙滩赛车的车身、车轮进行深入绘制。

09 对发动机局部深入刻画，线稿完成。

10 开始上色，首先选用中灰色。

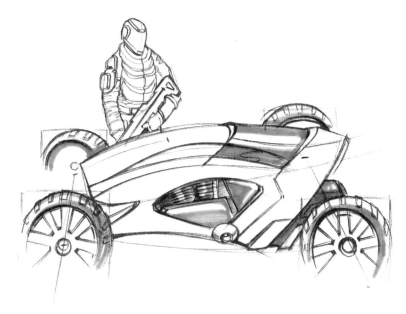

11 继续对尾部区域上色，注意笔触的连贯性。

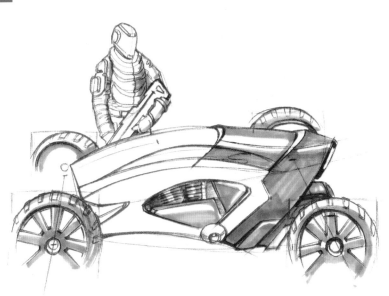

12 选用米黄色的配色来搭配中灰色对沙滩赛车车体进行上色。

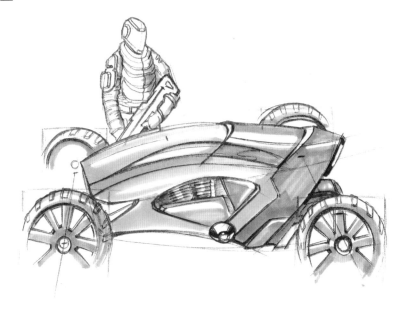

13 对车身发动机进行深入刻画，注意画面中亮部和暗部的区分。

14 给人物进行深入上色，人物服装配色也是根据沙滩赛车的主色调来配色的。

15 画出尾灯，加深沙滩赛车中的深色区域。

PROTECTION OF BEACH VEHICLE

16 绘制完毕。

PROTECTION OF BEACH VEHICLE

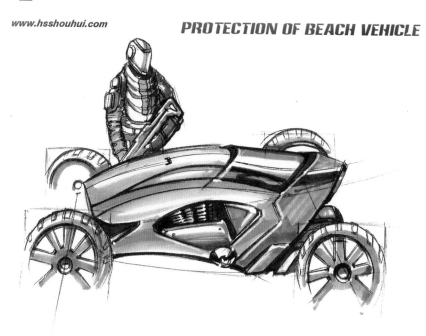

工业设计手绘宝典——创意实现＋从业指南＋快速表现

沙滩赛车 B

01 画出各个主要部件的大体体块线稿。

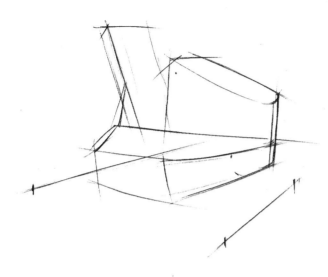

02 根据画好的大体体块轮廓进行深入绘制，标出四个车轮的中心轴位置。

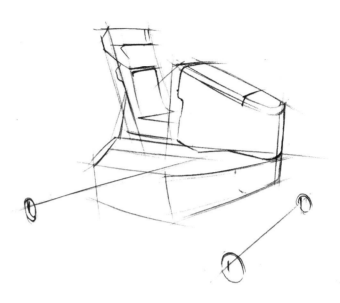

03 着重刻画发动机部分。

04 继续深入绘制沙滩赛车。

05 画出沙滩赛车的车轮，注意前后左右的车轮角度以及透视的区别。

06 画出车身零部件，比如油箱、发动机、减震装置。

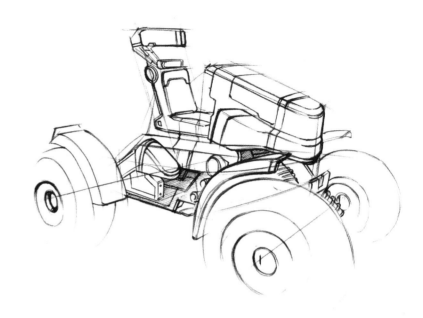

07 画出车轮的锯齿，注意每一个锯齿的透视关系。线稿完成。

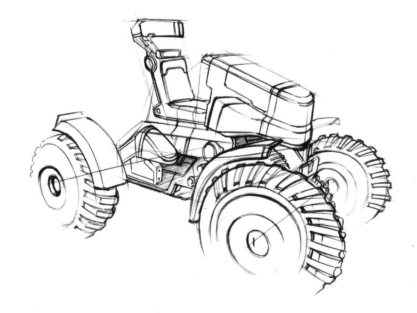

08 开始上色，首先对四个车轮上色，要注意根据车轮的锯齿进行上色，不能平涂。

09 用灰色马克笔对车身、座椅、车轮进行深入上色。

10 沙滩赛车的最后效果展示。

案例分析： 概念越野车是对未来小型越野车的理想化设计。装备精良，车身给人感觉精密、实用、坚固。在画概念越野车时要体现出坚实耐用感，上色时主要以深灰色、绿色、橙色、蓝色等颜色为主色调。

01 用四根线画出车身大体外轮廓线。

02 在画好的车身大体外轮廓线的基础上进行分割。

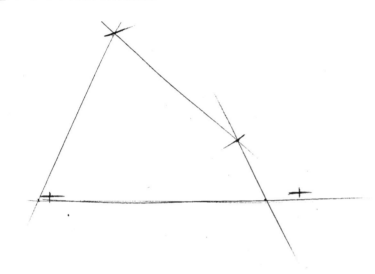

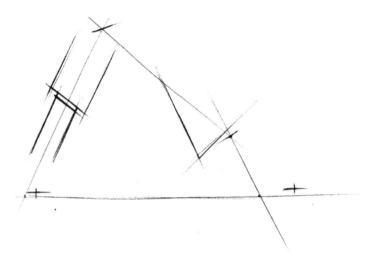

03 在主线框内进行形体分割线的绘制。

04 根据上一步的大致线框进行深入绘制，画出概念越野车的其他小局部。

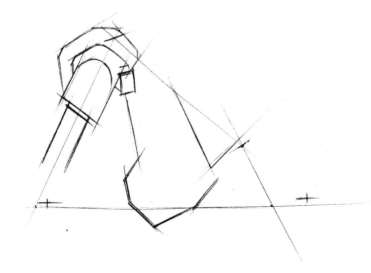

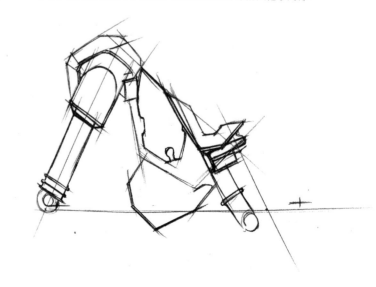

05 画出车轮线稿，要注意车轮线条的深浅变化。

06 线稿完成。

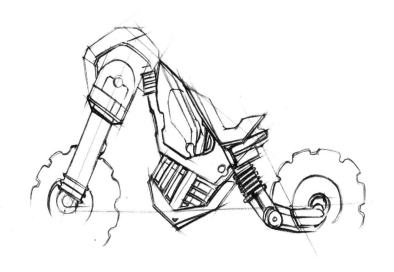

07 概念越野车线稿完成以后开始上色，首先用中灰色马克笔，注意上
色的深浅变化要匹配形体的明暗关系。

08 上好灰色部分，开始对车身上色，选用绿色和橙色进行搭配。

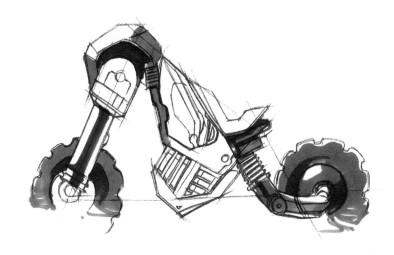

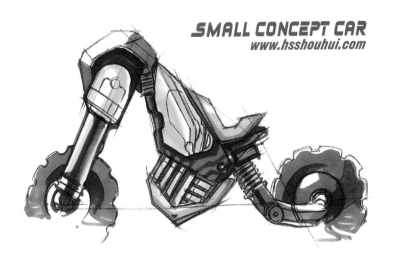

SMALL CONCEPT CAR
www.hsshouhui.com

09 用高光笔点上高光，增强其质感。

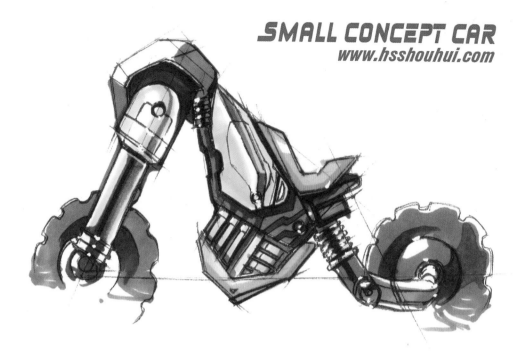

10 加强各个局部的造型体量感，绘制完毕。

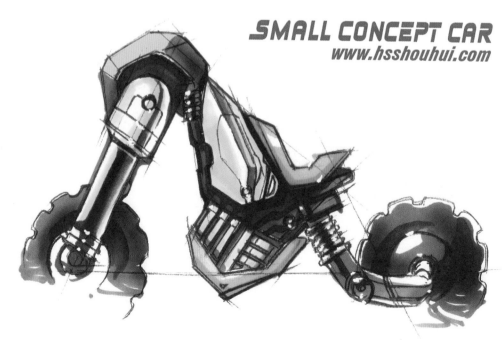

案例分析： 卸货机也叫做货物装车机，主要是用于物品的传输、装卸等工作。卸货机的前端卸货装置可在长度方向上自由伸缩，也可上下自由活动。画卸货机时要体现出坚固耐用感，上色时主要以灰色、白色为主色调，也可用橙色等比较纯的颜色进行搭配。

01 首先画出卸货机的主线，注意线条的轻重。

02 依据上一步画好的主线画出卸货机的主体部分。

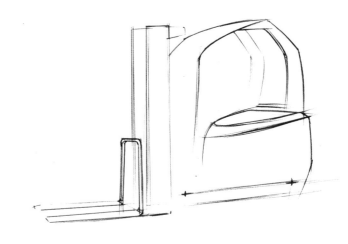

03 标出轮胎的中心轴，深入画出其他局部的线条。

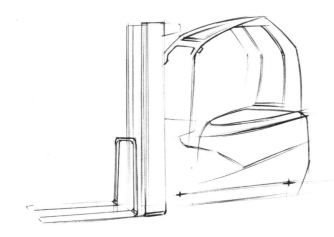

04 画出轮胎以及底部壳体的造型。

画出座椅,注意座椅的透视关系和卸货机整体透视关系是统一的。

06 画出卸货机的方向盘和操控杆,注意虚实变化。

07 用排线法画出大致的明暗调子。

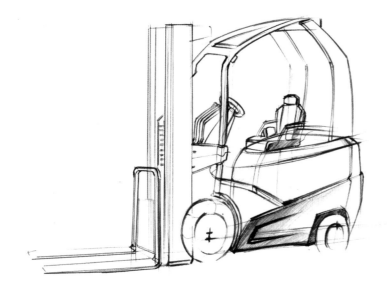

08 继续深入绘制卸货机。

09 继续用排线法画出其他局部的暗部区域，线稿完成。

10 开始上色，首先选用灰色进行上色，先画卸货机的暗部区域。

11 选用灰色和橙色进行配色，上色时注意笔触的连贯性。

12 对后轮以及下半部分的壳体进行上色。

13 开始对前段零件局部上色。

14 对座椅进行上色，要把座椅的质感表现出来。

15 继续深入润色。

UNLOADING MACHINE
www.hsshouhui.com

16 卸货机最后效果的呈现。

UNLOADING MACHINE
www.hsshouhui.com

案例分析： 游艇有很多种类，可分为运动型游艇、休闲型游艇、商务型游艇等，游艇的制作材料有木质材料、玻璃钢、用特殊材料增强的复合材料、铝质材料和钢材料。游艇是一种娱乐工具，集航海、运动、娱乐、休闲等功能于一体。在画游艇效果图的时候要注意游艇造型曲面的流线型，配色一般以浅灰色、白色为主。

游艇 A

01 画出游艇的外部轮廓线，注意线条弧度的控制。

02 标出驾驶舱的几根顶线。

03 连接驾驶舱的顶线，得到驾驶舱的大致形体。

04 依据上一步画好的驾驶舱形体，深入画出游艇的右侧造型。

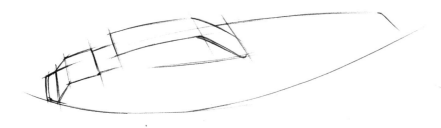

05 画出游艇的前段夹板。

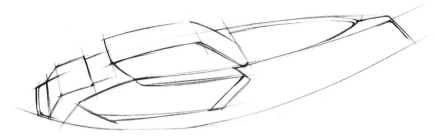

06 深入游艇的绘制，对侧边造型进行深入刻画。

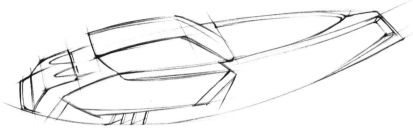

07 用排线法画出游艇中的背光区域，要注意线条的疏密变化。

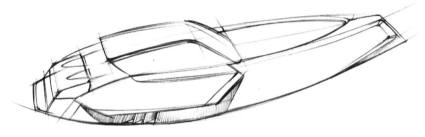

08 开始上色，首先选用中灰色的马克笔进行暗部区域的上色。

09 继续丰富曲面的颜色，加深曲面中的深色区域。

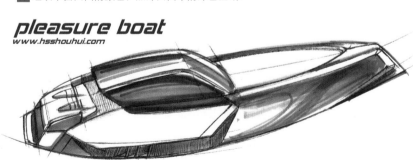

pleasure boat
www.hsshouhui.com

10 最后效果的呈现。

pleasure boat
www.hsshouhui.com

工业设计手绘宝典——创意实现 + 从业指南 + 快速表现

游艇 B

01 首先标出游艇的最外轮廓线。

02 绘制大致形体，线条要流畅、柔顺，这是为了符合游艇的曲面流线型特点。

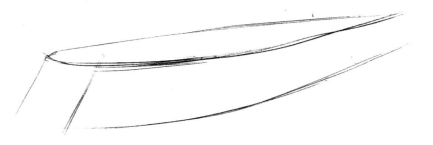

03 画出主体和驾驶仓的大致形体，注意比例的大小控制。

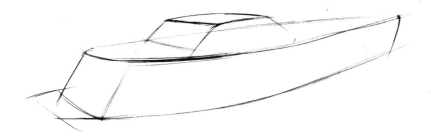

04 在已经画好的大致形体中进行线的分割。

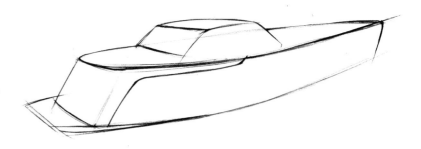

05 游艇上的几根主要线条要进行加深处理，让游艇造型特征更加明显。

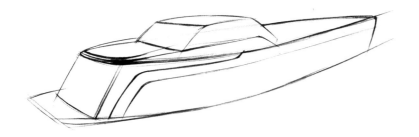

06 继续深入绘制，完善游艇上面的各个局部。

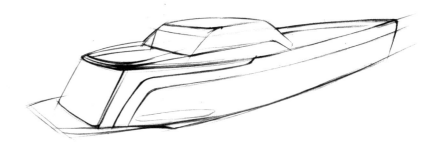

07 用排线法画出游艇上面的背光区域，注意排线的方向统一性。

08 游艇侧面局部造型也要表现出来。

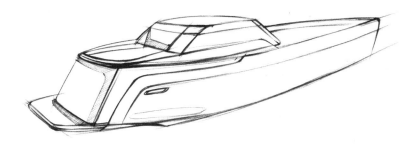

09 以浅灰色为主色调进行上色，记住颜色要依附于游艇曲面形体上。

pleasure boat
www.hsshouhui.com

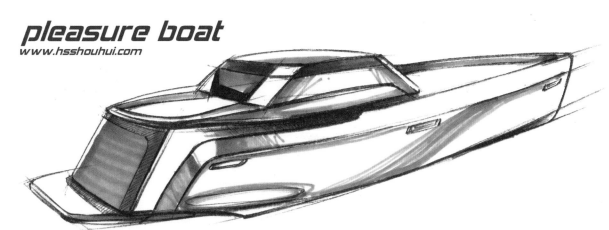

10 加深暗部区域，绘制完毕。

pleasure boat
www.hsshouhui.com

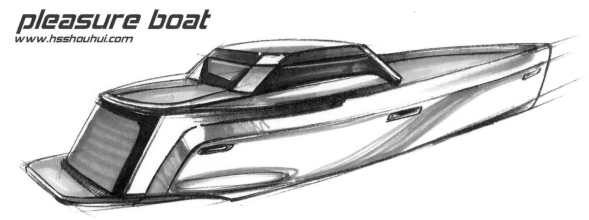

案例分析：概念越野摩托车有很多种类，比如场地越野摩托车、长距离耐力越野摩托车、障碍攀爬越野摩托车，在画越野摩托车手绘效果图时要注意越野摩托车的特点、性能，配色以灰色、黑色、蓝色等颜色为主，可适当配以桔红色等颜色调配对比度。

01 首先以几根简单的主线画出越野摩托车的主要特征。

02 在主线的基础上进行体块的分割，比如越野摩托车的气缸体、座椅等。

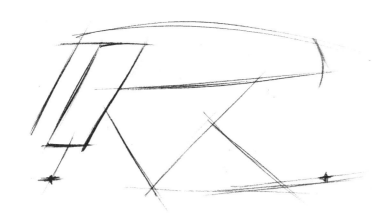

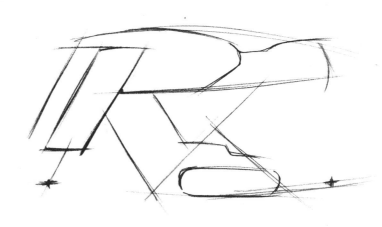

03 画出其他部件的大致轮廓，越野摩托车车轮带有锯齿，这种锯齿比较宽，用来增加与地面的摩擦力。

04 深入刻画其他零部件，继续丰富气缸盖、气缸体和曲轴箱的造型线条。

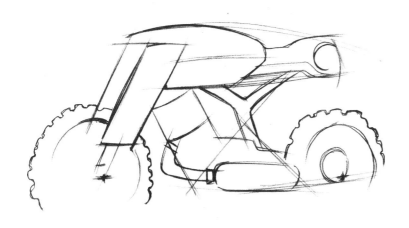

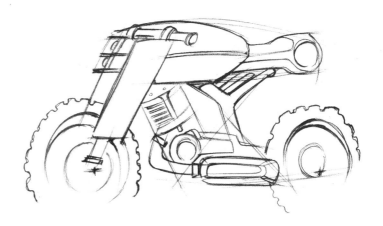

05 线稿完成，可以适当用排线法画出暗部区域。

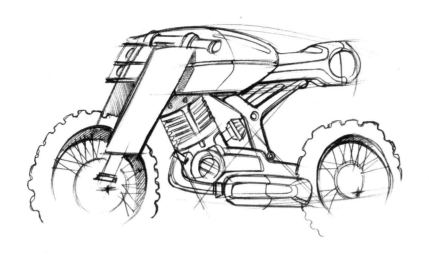

06 开始上色，首先从气缸盖、气缸体、车轮中轴轮盘开始上色。

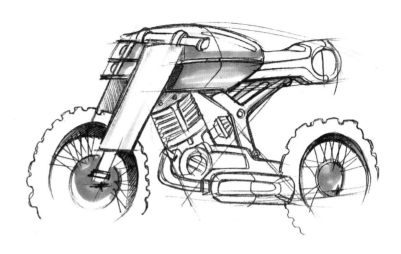

07 对其他零部件进行上色，要注意受光区域和背光区域的对比。

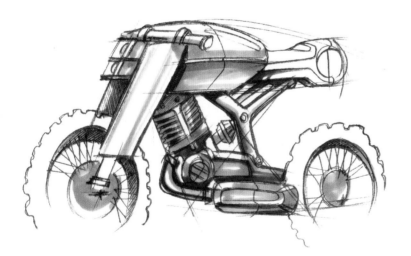

08 用桔红色对座椅进行上色。

THE CONCEPT OF MOTORCYCLE
www.hsshouhui.com

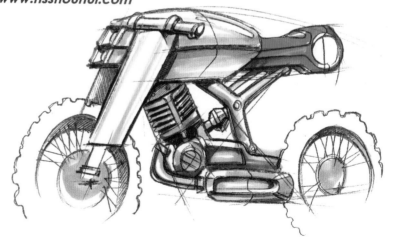

09 加深车身暗部区域，增强其对比度。

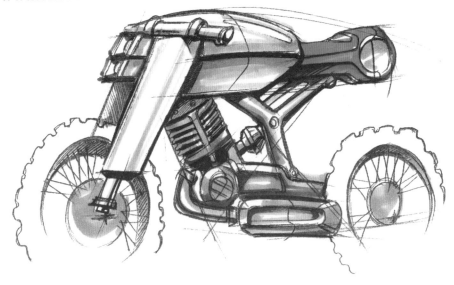

THE CONCEPT OF MOTORCYCLE
www.hsshouhui.com

10 用高光笔点上高光，绘制完毕。

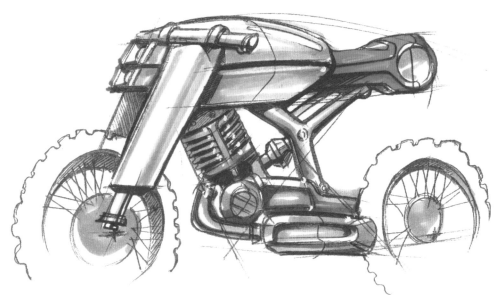

第 11 章　手绘技法表现之交通工具（非汽车类）

201

案例分析： 自行车又叫做脚踏车或单车，主要由主体车架、前叉、车把、车鞍座等组成，这些是自行车的主体，也是自行车设计手绘时需要重点刻画的部分，当然还有其他构成部分，比如传动部分（包括脚蹬踏板、链轮、链条、变速器、中轴等），踩动踏板通过传动件带动车轮旋转。自行车设计手绘通常重点刻画车主体框架以及周边造型，自行车前后车轮可以适当淡化。

自行车 A

01 用三根线表达出自行车的主要特征。

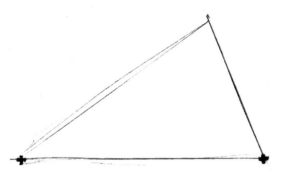

02 开始在三根主线中进行形体分割。

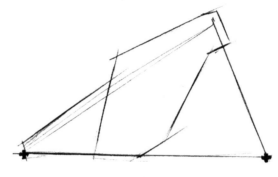

03 进行局部分割，注意线与线之间的间距。

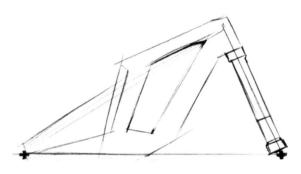

04 继续深入绘制。

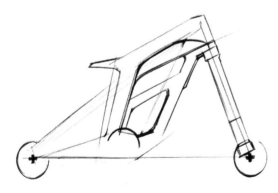

05 定出前后车轮的大小比例、位置，画出上下左右四个点。

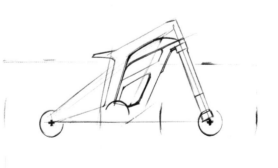

06 画出车轮线框，注意线条的轻重。

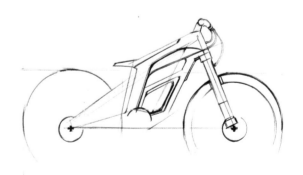

07 画出踏板、变速器、车轮，因为车轮里面的支架要有立体感，所以边缘线的处理尤为重要，标注好各种零部件的名称，线稿完成。

08 开始对其他零部件上色，注意各个零部件金属质感的表达。

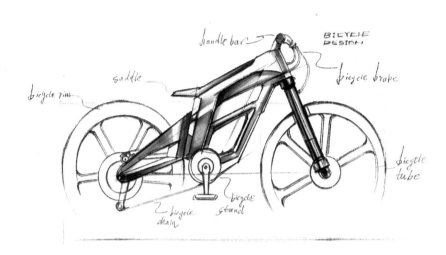

09 画出车轮颜色，记住车轮不一定要全部涂满颜色，下半部可以留，有一个虚实对比。

10 自行车上面灰色区域画好以后可适当配以红色，车架上面的深色区域继续加深，绘制完毕。

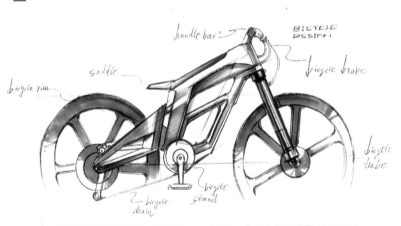

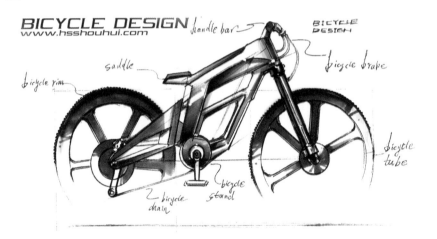

自行车 B

01 用简单的四根线画出车架主线。

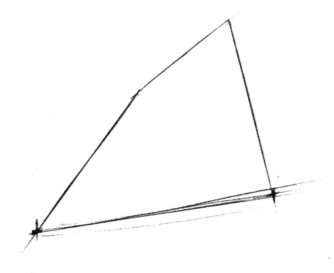

02 开始在主线当中分割比例。

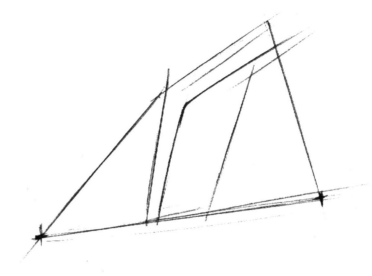

03 找准几个关键点，注意车架的前后比例。

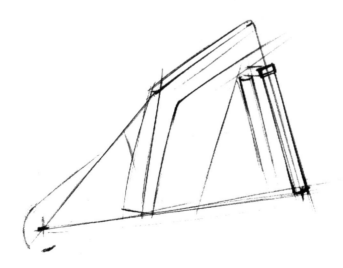

04 继续丰富车架形体。

05 主体车架线稿基本完成。

06 画出车轮的线稿，注意线条的轻重缓急变化。

07 线稿完成。

08 开始上色，首先从车主体框架开始。

09 画出车轮颜色，注意笔触的转折要符合轮胎的弧度。

10 轮胎上面的锯齿也要画出，轮胎的钢丝要进行上色，让其有一定的转折关系。

11 适当加一些红色，比如在座椅上和车把手上。

12 用高光笔点出高光，通常情况高光不宜太多。

BICYCLE DESIGN
www.hsshouhui.com

第 12 章 手绘技法表现之汽车外观与内饰

　　汽车外观和内饰是相辅相成的，要画好汽车外观必须先了解汽车内部构造，了解内饰环境，要想画好汽车内饰，也必须先了解汽车外观，理解汽车外部造型特点。汽车的效果图手绘首先要掌握的是这个车型的底盘方向、透视，再去考虑底盘之上的汽车零部件。

案例分析： Chevrolet 底盘较低，线条比较硬朗，画的时候手握笔要紧，线条要干脆，要注意线与线之间的紧密连接，线条的虚实关系也要处理好。

01 首先画出四个轮子的透视以及底盘。

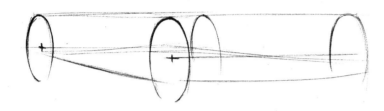

02 以轮子和底盘为参照物画出肩线。

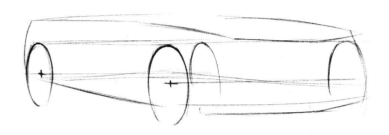

03 继续深入绘制。

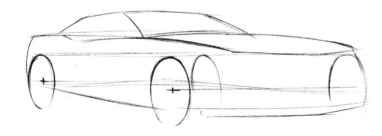

04 画出投影。

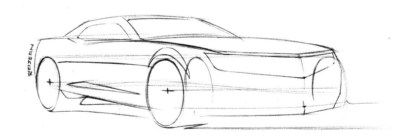

05 画出前脸局部造型元素。

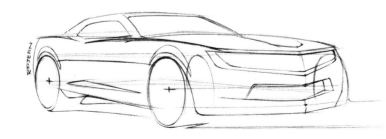

06 绘制轮胎。

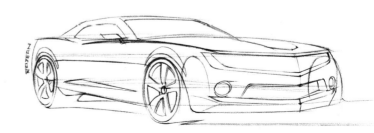

工业设计手绘宝典——创意实现＋从业指南＋快速表现

07 画出前脸中前大灯、雾灯等元素。

08 前脸格栅的阴影用排线法表现出来。

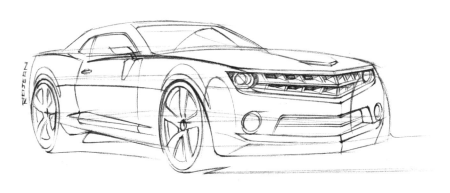

09 继续画出整车投影,轮胎的阴影也铺出来。

CHEVROLET
blog.sina.com.cn/hsshouhui

10 线稿完成。

案例分析：越野车的特点是厚重、耐用、多功能，所以在画的时候一定要表达出粗犷、坚固耐用的风格特性，上色的时候多数情况下会采用较深的配色，显得稳重、坚固、大气。

SUV 越野车 A

01 抓住大框架线条开始画，底盘线、肩线、莫西干线都要准确表达出来。

02 连接底盘线、肩线、莫西干线，并且找出轮胎的位置。

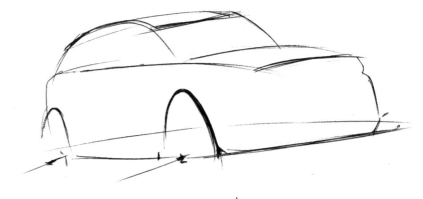

03 深入越野车的其他细节部分。

04 画出越野车的阴影。

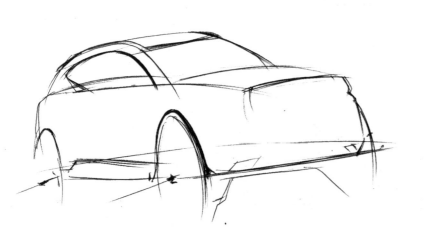

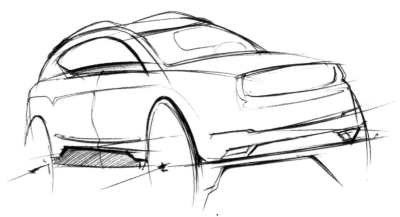

05 继续深入下去，注意线条的轻重缓急。

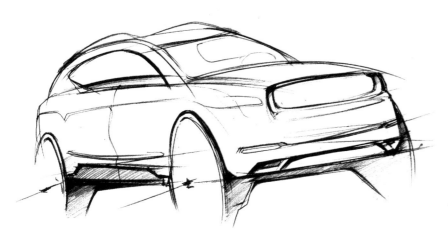

06 侧部造型线条、前大灯、雾灯的造型要画出来。

07 留出汽车 A 柱，其他区域开始上色。

08 逐步完善上色，尤其是玻璃区域要用较深的颜色，以区别于车体的颜色。

Sport Utility Vehicle www.hsshouhui.com

09 前大灯用蓝色马克笔稍微点缀一下，不需要过分强调，要让整体感觉比较协调。

Sport Utility Vehicle www.hsshouhui.com

Sport Utility Vehicle www.hsshouhui.com

Sport Utility Vehicle

10 点上高光点，强调金属质感，高光点不需要太多，要把握好这个度。

SUV 越野车 B

01 越野车给人感觉是非常饱满、厚重的，因此可以稍微把线条的弧度感加强一点，显得更加厚重。 02 画出车体体积感、座舱体量感，定出轮胎在底盘中的位置、距离。

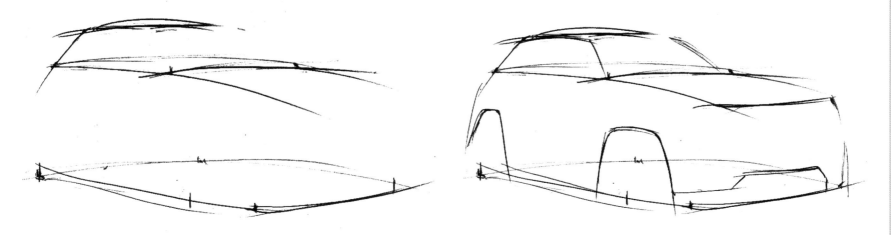

03 深入刻画，每画一根线条都在不停地纠正前面所画的线条。

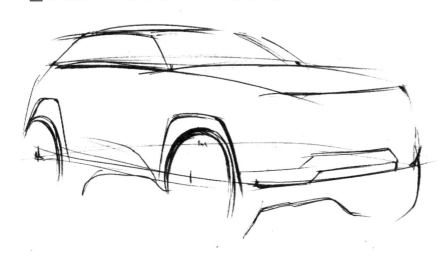

04 底盘阴影用排线法画出来，这样就区分开了底盘和车身壳体。

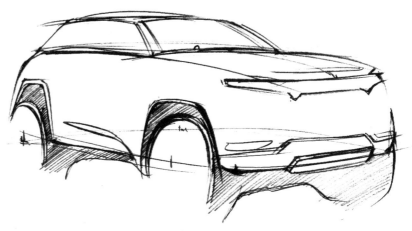

05 再进行一遍排线，加深底盘阴影区域，把底盘和车体进一步拉开。

06 这一步着重刻画轮毂，根据轮胎的透视方向进行刻画，注意前后的透视关系。

07 开始上色，首先从暗部开始，注意笔触方向的统一性。

08 继续深入绘制，包括车窗、前进气口等区域。

工业设计手绘宝典——创意实现+从业指南+快速表现

09 拉开越野车各种零部件的层次关系，前轮轮包位置的光影关系需要强调一下。

10 画出引擎盖以及车窗上面的环境色。

11 画出背景，绘制完毕。

案例分析： 皮卡的特点是体积比较大，轮胎直径很大，底盘较高，在绘制时一定要注意车身比例关系。

01 首先画出底盘以及四个轮胎的透视关系。

02 车身体块及座舱。

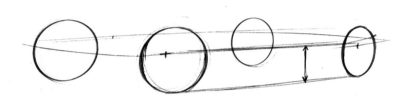

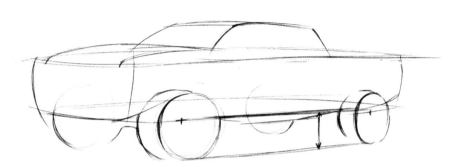

03 画出前保险杠。

04 在皮卡旁边画一个参照物，让人一目了然地感受车的大小。

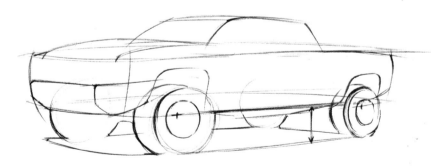

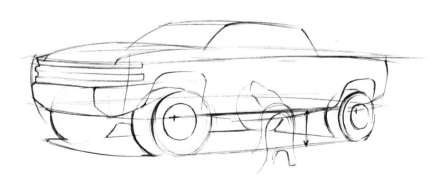

工业设计手绘宝典——创意实现＋从业指南＋快速表现

05 对轮胎进行深入绘制，画出锯齿。

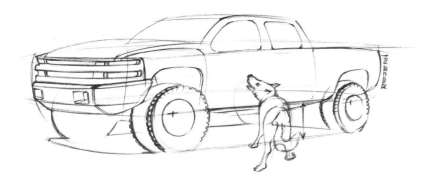

06 画出车窗还有前大灯。

07 继续深入绘制。

08 逐步绘制轮胎部分。

09 线稿绘制完毕。

10 进行上色，首先从车身开始。

12 最终效果图。

案例分析： 跑车的特点是底盘低，而且总高度也比较低，多数跑车的造型为流线型，具有一定的速度感。在画跑车效果图的时候注意上色笔触的连续性，不能断断续续，笔触连续流畅才能把跑车的特点体现地淋漓尽致。另外，超级跑车弧线、弧面很多，从车体本身到轮胎再到前脸，造型通常都是带有一定弧度的，因此在起笔的时候必须用弧线来画。

超级跑车 A

01 用弧线起笔。

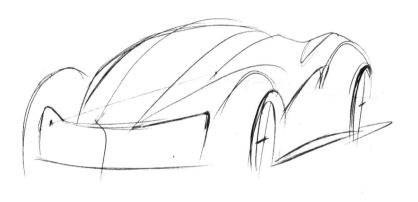

02 画出阴影部分，根据弧度造型进行排线，注意排线的疏密。

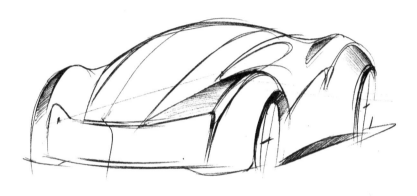

03 画出前脸细节，用排线法画出车体投影和前脸进气格。

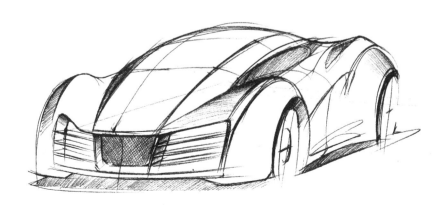

04 开始上色，顺着造型曲面开始，笔触采用弧线笔触，从暗部往亮部画起。

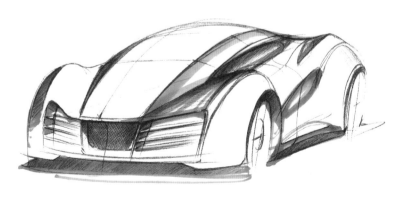

05 继续上色，在弧面中心位置点高光点。　　　　　　　　　06 画出车窗颜色，注意过渡。

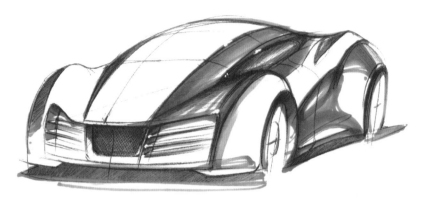

07 最终效果图。

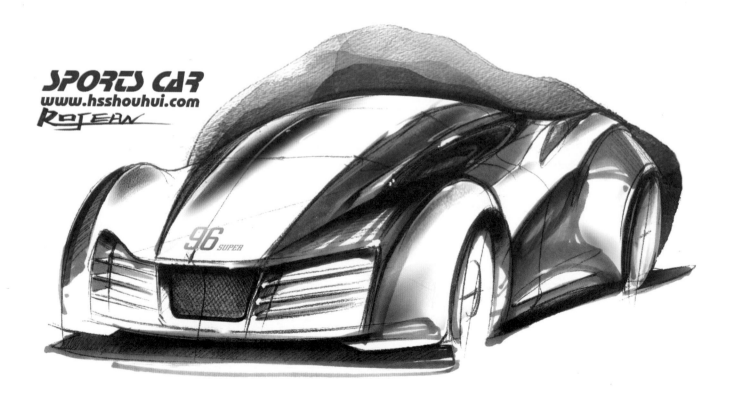

超级跑车 B

01 这是一款后视角度的跑车，从底盘开始着手绘制。

02 依据肩线画出尾灯、尾灯的造型比较扁平。

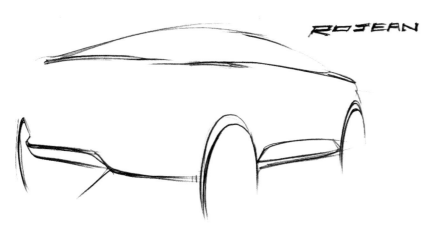

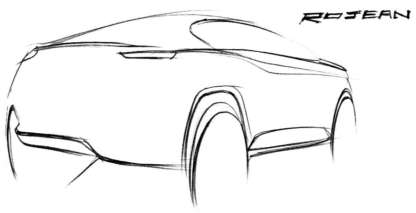

03 效果图难点在于尾部和侧面的衔接过渡区域。

04 对各个小造型细节进行推敲，这些小造型都是依附在大的块面上。

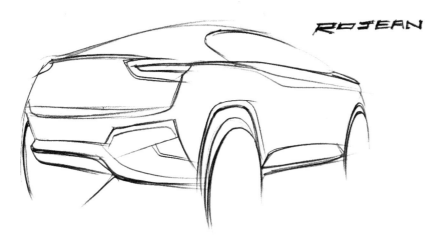

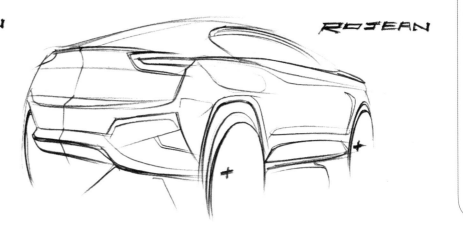

05 开始大致的排线，画出轮胎、底盘等暗部区域。

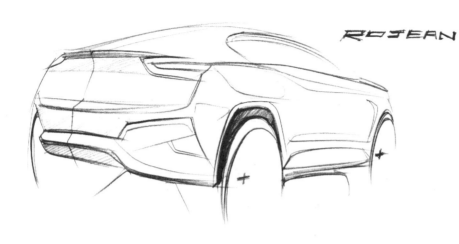

ROJEAN

06 开始上色，先画车身。

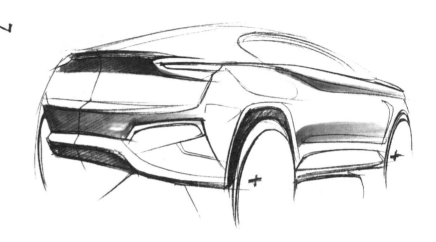

07 注意转折处的明暗关系，整个过程用一支马克笔就可以了。

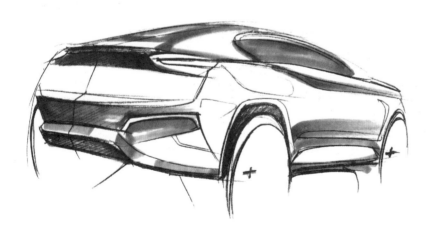

08 尾部用同一方向排线法进行上色，这时可以适当地把轮胎的明暗关系画出来。

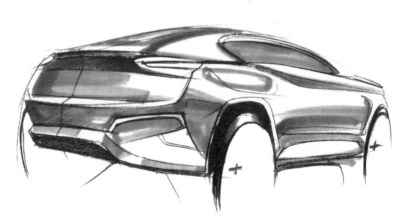

10 对尾灯进行绘制，画出背景，衬托车身。

SPORTS CAR
www.hsshouhui.com

超级跑车 C

01 首先画出超级跑车的外部轮廓线。

02 画出座舱轮廓线。

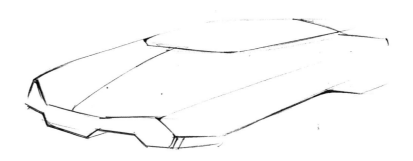

03 继续深入绘制。

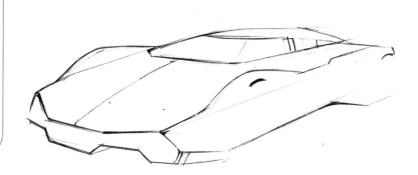

04 在超级跑车旁边画一个人物，活跃整体画面。

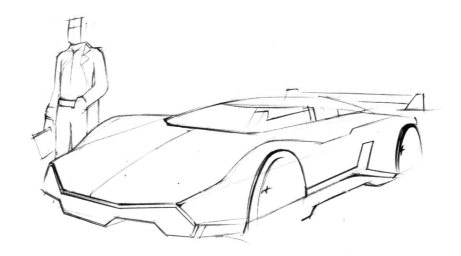

05 绘制出超级跑车的进气格栅。

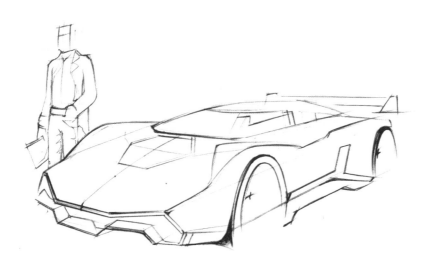

06 对轮胎细节进行绘制。

07 线稿绘制完成。

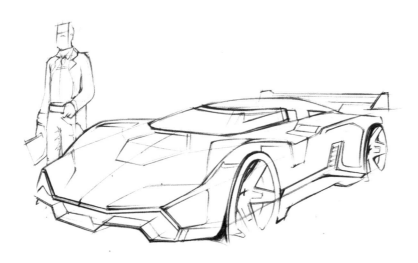

08 开始上色，首先选用橙黄色马克笔进行上色。

09 紧接着选用浅灰色马克笔对车窗、车轮进行上色。

10 继续用橙色马克笔对车身进行上色，注意受光区与背光区的区分。

11 开始对画面中的人物进行上色。

12 超级跑车最终效果呈现。

工业设计手绘宝典——创意实现 + 从业指南 + 快速表现

案例分析： 运输车的特点是体积较大，因为运输车要有一定的载重，因此在表现多功能运输车的时候要表达出那种体块感、造型感，在画运输车的时候需选用粗犷一些的线条，上色也要用比较深沉一些的颜色搭配，偶尔用比较亮的颜色进行对比，画运输车手绘效果图的时候要掌握好车的比例。

多功能运输车 A

01 一开始先勾勒出大体体块。

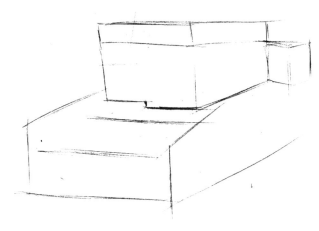

02 勾勒出四个轮子的几何体块。

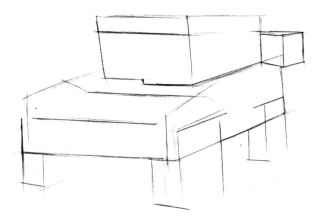

03 继续深入，因为构图需要，在左边添加了一个人物，达到平衡效果。

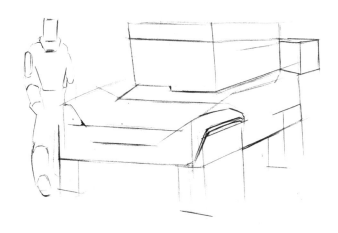

04 画出前探照灯。

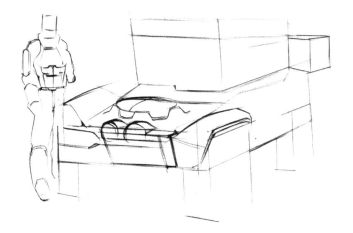

07 深入轮胎的刻画，注意线条的变化，轮胎阴影用排线法画。

08 深入刻画油箱、车窗、车顶上的探照灯。

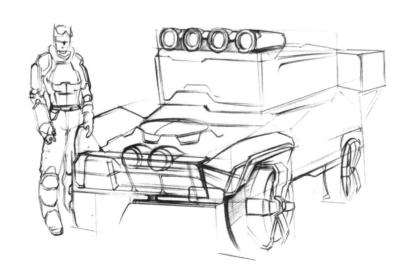

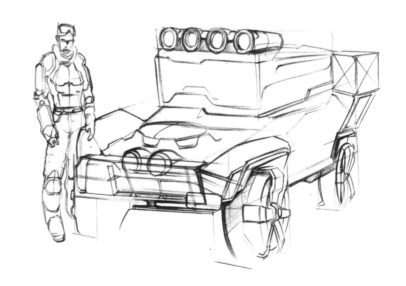

09 当各个局部都交代清楚以后，开始加重线条，之前有不少局部造型还不确定，确定以后开始加重这些线条。

10 开始上色，首先画车窗，选用比较深的颜色。

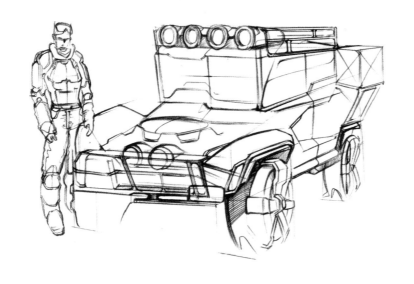

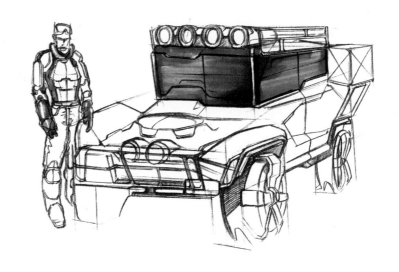

11 对于车身主色调，采用草绿色。

12 为了和运输车的颜色比较好搭配，左边的人物服装细节采用翠绿色。

13 继续深入上色。

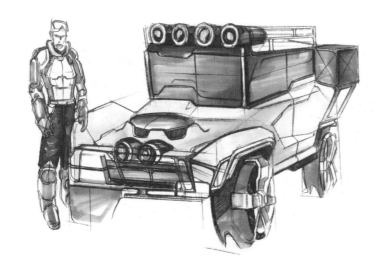

14 对草绿色车身再加深一遍，用同一只马克笔即可。

15 左边人物的刻画要细致入微，让整体画面更加生动。

Multifunctional vehicle
www.hsshouhui.com

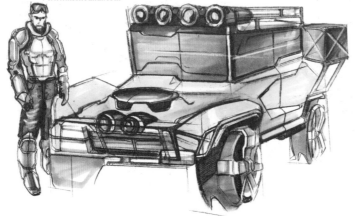

16 最后效果的呈现。

Multifunctional vehicle
www.hsshouhui.com

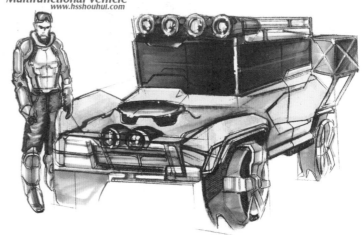

工业设计手绘宝典——创意实现 + 从业指南 + 快速表现

多功能运输车 B

01 这是一款带有复古味道的多功能运输车，首先画出车体大致形态。

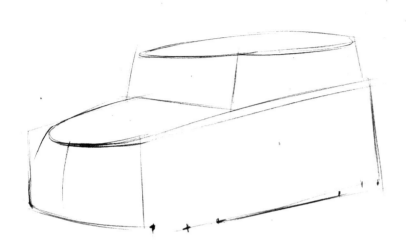

02 画出车轮位置和前脸格栅的大致轮廓，注意要和引擎盖的风格保持一致。

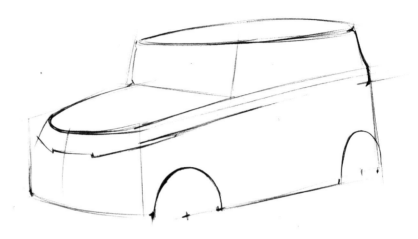

03 继续绘制前脸。

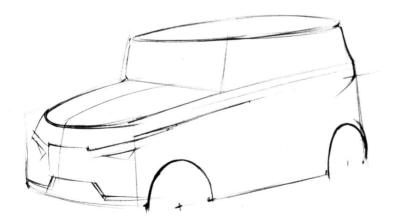

04 方向盘、侧面造型还有其他部件也要慢慢地表达出来。

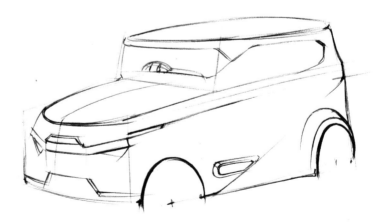

05 对保险杠进行细化深入。

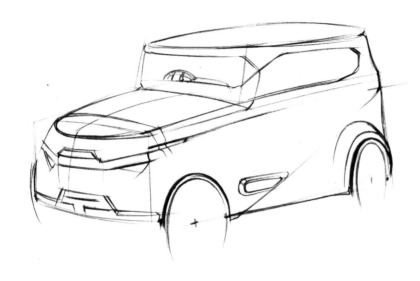

06 对轮毂进行细化，风格要和整车效果保持统一。

07 用排线法稍微铺一层阴影。

08 开始上色，确定车体的固有色为绿色，先画出车身颜色和整车投影颜色。

RESTORE ANCIENT WAYS
www.hsshouhui.com

工业设计手绘宝典——创意实现＋从业指南＋快速表现

RESTORE ANCIENT WAYS
www.hsshouhui.com

RESTORE ANCIENT WAYS
www.hsshouhui.com

10 最后在画面中点上高光点，让整体画面效果更加生动。

第 12 章　手绘技法表现之汽车外观与内饰

233

多功能运输车 C

01 这是一款概念车，整车从侧面看呈现一个三角形，首先从车身开始，先画出两块车身面板。 02 连接两块车身面板，注意透视关系。

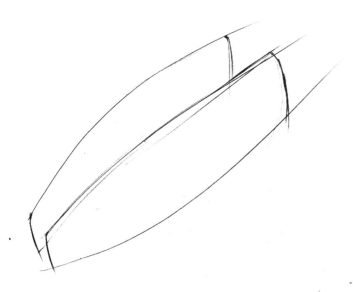

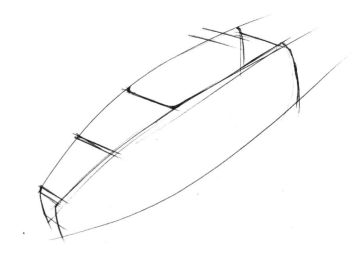

03 定出四个轮胎中心位置。

04 画出轮胎，注意四个轮胎的透视各不一样，略微有一点透视变化。

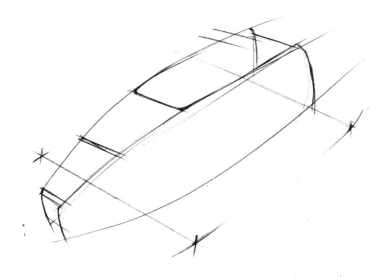

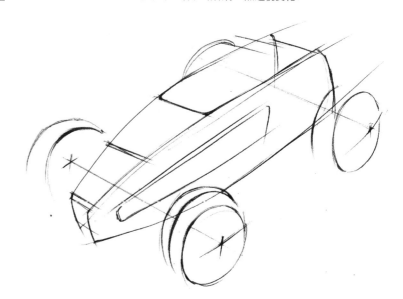

05 勾勒出概念多功能运输车的投影轮廓。

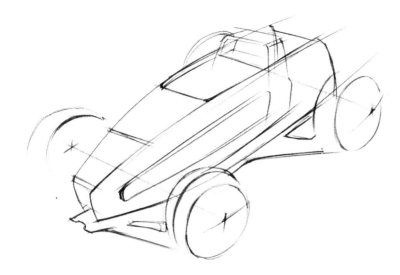

06 把其他的局部小造型也深入刻画一下。

07 继续深入刻画。

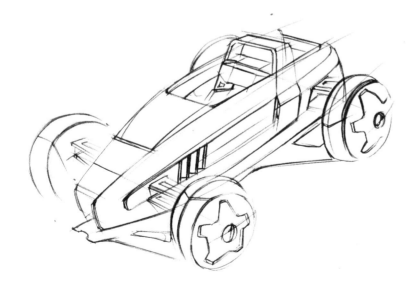

08 运用排线法画出车体阴影，让多功能运输车在画面中凸显出来。

09 线稿确定以后开始进行上色，首先从车内部开始画。

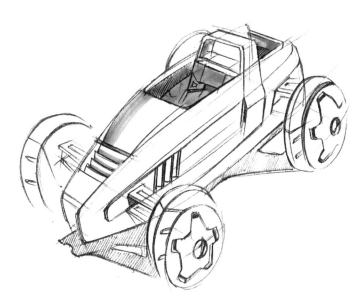

10 画出车体侧面颜色，依据侧面造型来画。

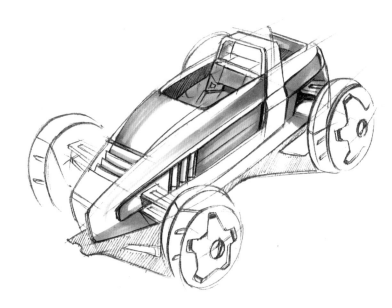

11 开始画轮胎颜色，因为轮胎表面带有一定弧度，所以笔触也要带有弧度。

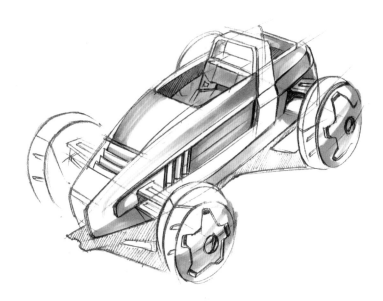

12 继续深入刻画。

Multi-functional transport vehicle
www.hsshouhui.com

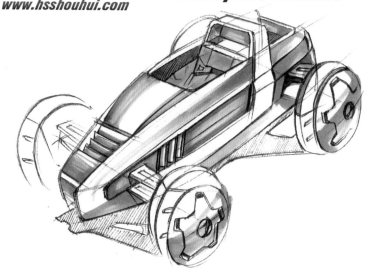

13 车体阴影也要上色，阴影颜色稍微比车身颜色深一些。

Multi-functional transport vehicle
www.hsshouhui.com

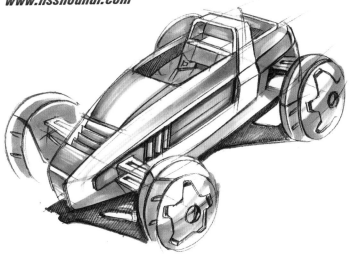

14 车身局部地方要细致刻画，比如轮胎和车身的连接处。

Multi-functional transport vehicle
www.hsshouhui.com

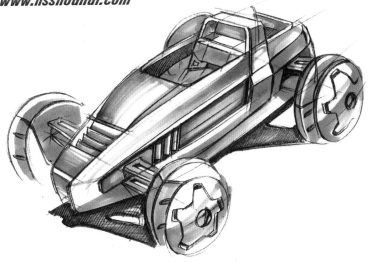

15 细化其他地方的小局部，尤其是车内部座椅、车身和轮胎的连接区域。

Multi-functional transport vehicle
www.hsshouhui.com

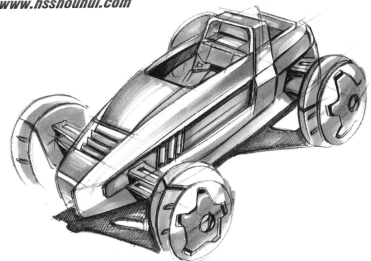

16 最后效果的呈现。

Multi-functional transport vehicle
www.hsshouhui.com

01 画出车体的大致几何形体，确定透视关系。

02 继续深入绘制。

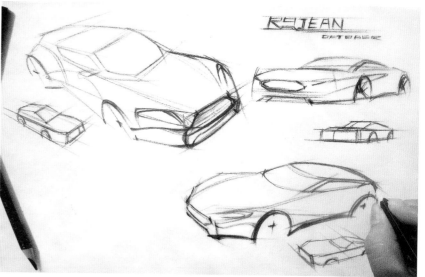

03 适当铺出阴影。

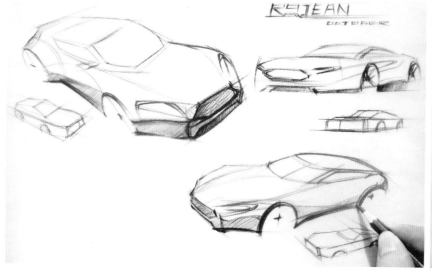

04 用排线方式画出阴影，让整车的体量感加强。

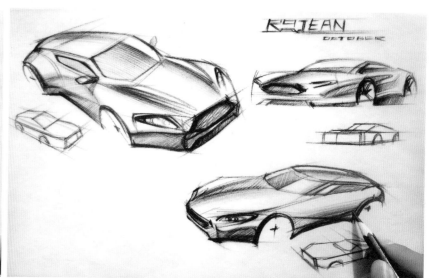

05 开始上色，首先用蓝色马克笔进行上色。

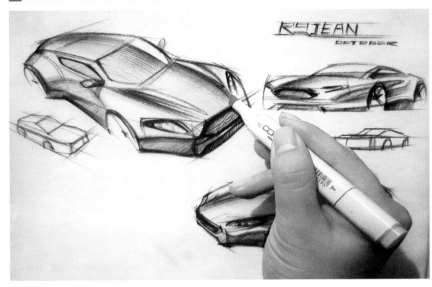

06 继续深入上色。

07 加强颜色的过渡以及深浅变化。

08 跑车最终上色效果呈现。

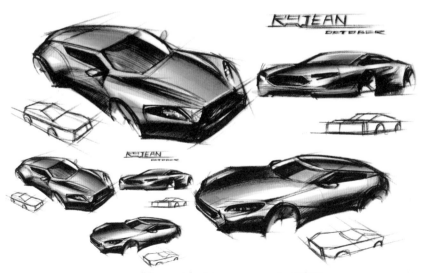

案例分析：通常情况下，敞篷汽车能够满足尺寸紧凑、空间宽敞和碰撞安全性高等方面的要求。我们在平时生活当中也能看到，敞篷汽车以驾驶者为中心的设计理念可以使人们真正体验到极富激情的驾驶感受，在画敞篷汽车效果图时要注意笔触的流畅感，画面中要体现出速度和激情。

01 这是一款俯视角度的汽车，区别于前面的起笔方法，这次首先从轮胎开始，先定出四个轮胎的位置、方向、透视。

02 画出车体的大致轮廓线条。

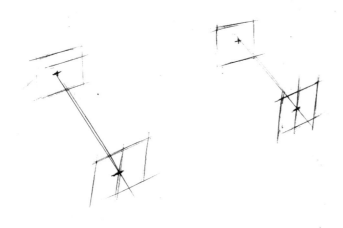

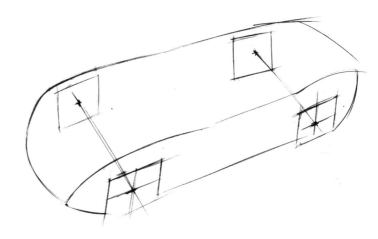

03 开始在车体的轮廓线条里面进行分割，分割出不同区域：挡风玻璃、车内饰、轮毂等。

04 逐步深入细化。

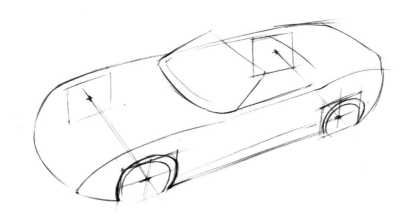

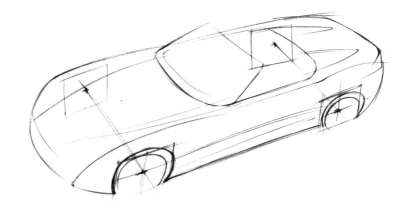

05 画出汽车座椅和车灯，注意在画的同时要协调好局部和整体的关系。

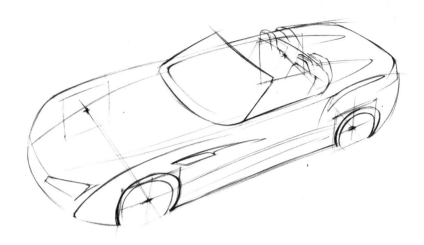

06 当汽车座椅和车灯位置确定好以后，可以继续延伸画下去。

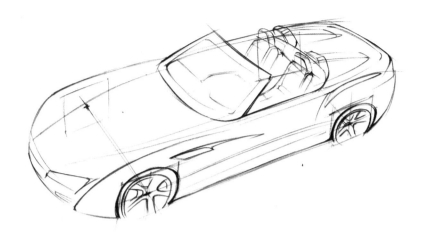

07 画出汽车投影，注意排线方向要一致。

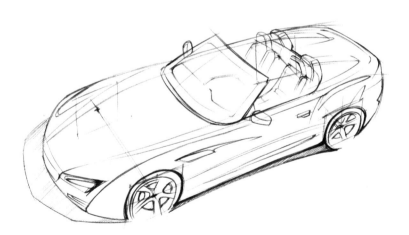

08 开始上色，首先从汽车上下边缘开始。

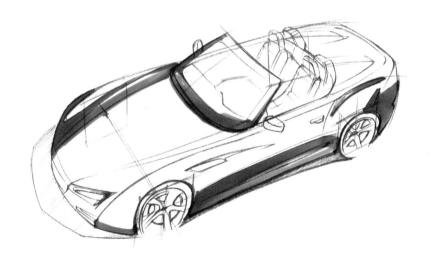

09 开始画挡风玻璃和引擎盖，注意颜色的深浅变化，笔触必须流畅。

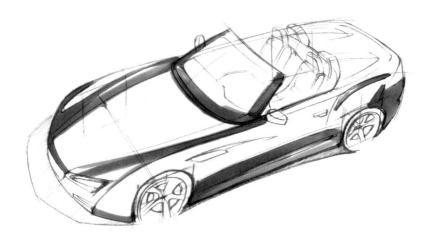

10 汽车内饰也要同步开始画，注意颜色的搭配。

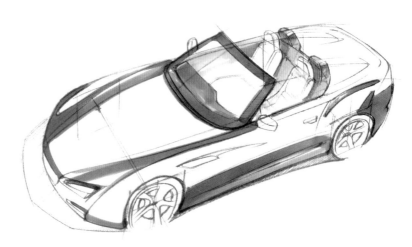

11 开始画汽车投影以及车轮的颜色，选择比较深的颜色进行上色。

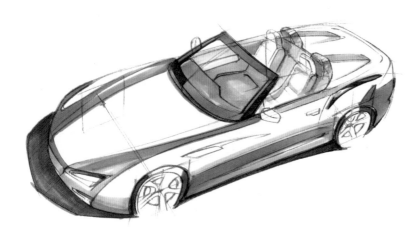

12 选择浅一点的颜色对引擎盖和车身进行车身过渡色的绘制。

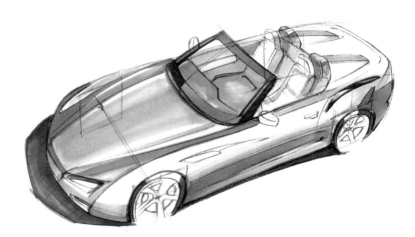

13 深入刻画座椅，注意要画出皮革感觉，和车身材质质感要有所区分。

14 继续深入绘制，注意各个局部颜色的深浅变化。

15 对汽车前大灯进行细化，因为是俯视角度，所以汽车前大灯上半部分颜色是比较深的，运用白色彩铅提亮挡风玻璃受光区域，加深座椅颜色，绘制完毕。

Convertible
waiting for back

WWW.HSSHOUHUI.COM

案例分析：豪华车的车身比例相对其他商务车要更长更宽一点，这主要取决于底盘的面积大小，因为是豪华车，所以其内饰质感奢华，底盘宽大而结实。多数情况下豪华车的配色为深灰色、银灰色或者纯黑色。

豪华车 A

01 首先画出这款车型的底盘线条，标注出底盘与地面的间距，画出顶棚线以及肩线。

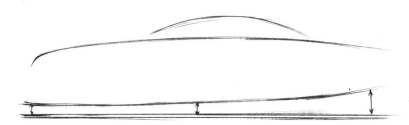

02 继续深入，车体轮胎位置标注出来，把车身大致轮廓表达出来。

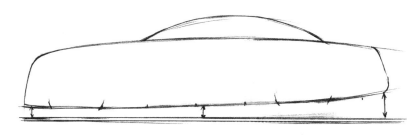

03 深入细化汽车轮毂。

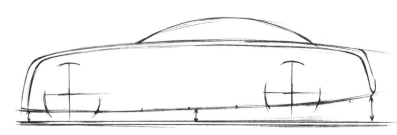

04 深入画出车窗玻璃和轮胎。

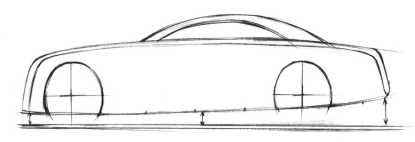

05 逐步加深画好的线条。

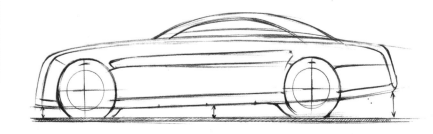

06 后视镜也有投影，要画出来，用排线法铺出阴影。

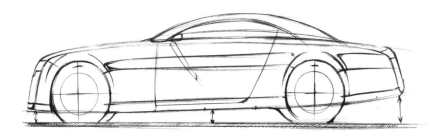

07 加深明暗交界线区域，强调汽车车窗玻璃质感。

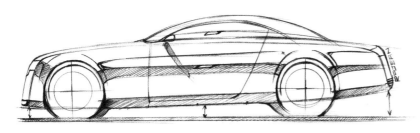

08 完善轮胎区域。

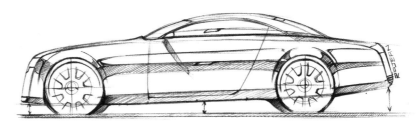

09 开始上色，先用中灰色马克笔画整车的明暗交界区域。

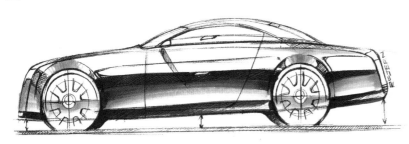

10 继续深入上色。

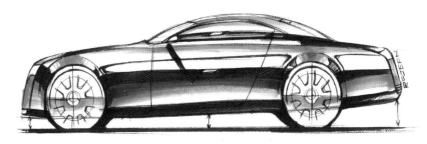

11 对整车的局部细节进行上色。

12 用高光笔点出高光，绘制完毕。

豪华车 B

01 从底盘开始画起，注意底盘比例。

02 开始画出车身线条，采用弧线控制。

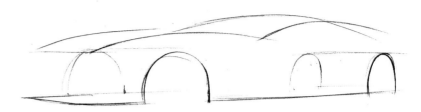

03 接下来画出前进气口、前挡风玻璃的线条，注意透视关系。

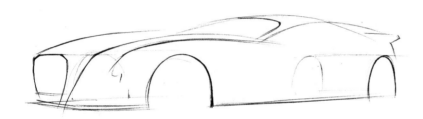

04 画出车门以及车内饰，还有前大灯、雾灯等。

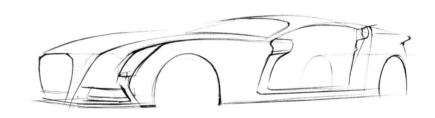

05 为了让整体画面更加生动，在车内加了一个人物，烘托效果。

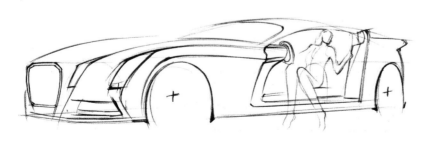

06 继续深入绘制，画出投影，注意线条的虚实处理。

07 画出轮毂细节，人物细节也要表现清楚，比如服装、姿势等，要符合豪华车的特点、风格。

08 这一步是体现豪华的关键一步，用排线法把内饰深入刻画一下，注意留出人物空白区域。

09 开始上色，用灰色和橙色搭配进行，注意要根据豪华车的造型来画。

10 开始画投影，注意颜色的深浅变化，也要画车身侧面，在转折处留出空隙。

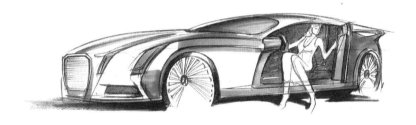

11 车身用平涂的方式上色，注意笔触的统一性。

12 人物也要同步进行深入绘制，考虑到画面整体色调是银灰色，因此人物衣服颜色采用比较艳丽的颜色。

Luxury car
www.hssshouhui.com

案例分析：常规汽车比例比较统一，虽然外观造型、内饰各不一样，但是大同小异，画这一类汽车效果图时主要会用到银色、橙色、绿色、灰色、蓝色，颜色不宜过多，但是也有个性化的汽车涂装，运用各种不同的图案来装饰。

后 45 度汽车 A

01 首先从汽车主线开始画，确定汽车整体的透视。

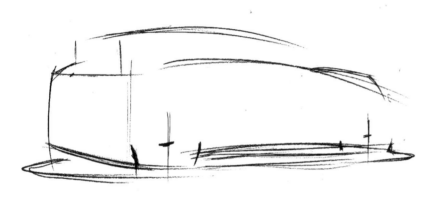

02 画出汽车轮胎以及汽车尾部线条，线条要放松。

03 运用排线法画阴影：车窗、轮胎、底盘、车体、车身上面的金属阴影。

04 开始上色，从汽车底盘往上画。

05 继续深入上色，注意颜色的过渡要柔和。

06 给汽车尾灯上色，用高光笔点好高光点。

AUTODESIGN
www.hsshouhui.com

07 最终效果的呈现。

AUTODESIGN
www.hsshouhui.com
ROJEAN

后 45 度汽车 B

01 这款汽车设计手绘线稿是用圆珠笔起稿，需要注意线条的弧度控制。

02 先从汽车投影开始上色，用深灰色平涂。

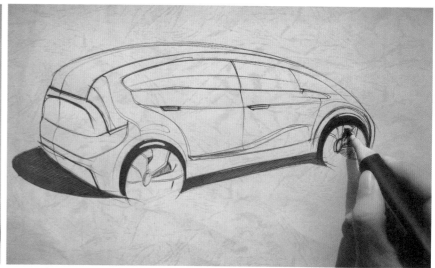

03 对汽车的玻璃车窗进行上色，要留意过渡，加深明暗交界线。

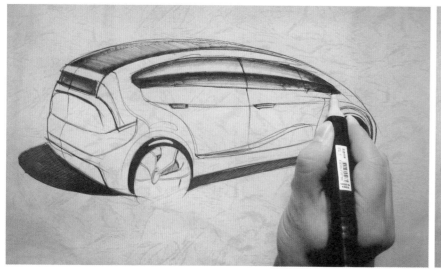

04 开始对汽车车身进行上色，选用浅蓝色上色。

工业设计手绘宝典——创意实现 + 从业指南 + 快速表现

05 汽车侧面造型中的转折处要用同一只笔进行加深处理。

06 对汽车尾灯进行上色，用红色平涂尾灯区域。

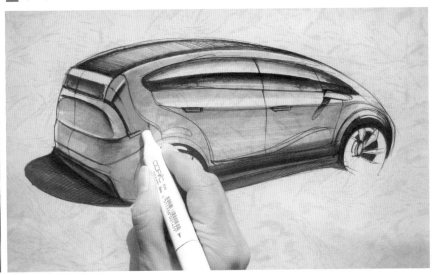

07 用白色彩铅勾勒出车门的接缝，用高光笔点上高光。

08 最终效果的呈现。

DESIGN
A-17

第12章 手绘技法表现之汽车外观与内饰

户外休闲车 1

01 用简单的两根线勾勒标注出底盘以及左边人物的大致位置。

02 标注出两个轮胎的位置。

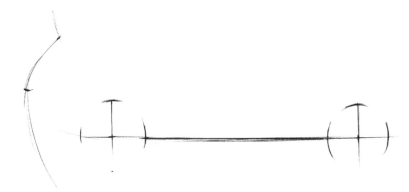

03 画出大致轮廓。

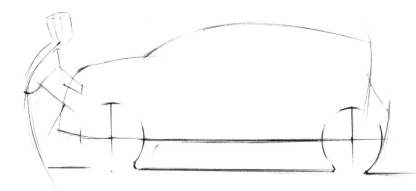

04 完善画面左边的人物。

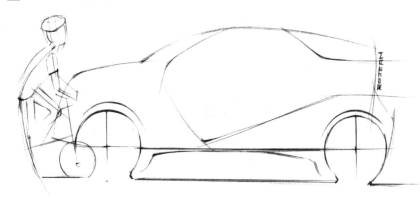

05 深入绘制车窗、车门等局部。

06 对画面左边的人物进行深入绘制。

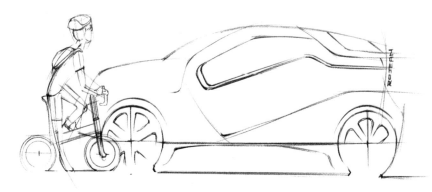

07 逐步深入绘制。

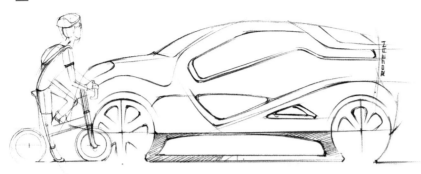

08 线稿完成。

09 首先用浅灰色对底盘上色。

10 选用橙色马克笔对车窗进行上色。

11 逐步完善车窗、轮毂的上色区域。

12 户外休闲车最终效果的呈现。

第 12 章　手绘技法表现之汽车外观与内饰

案例分析： 极限透视是在透视中比较少见的，但是却有着特殊的用途，比如在表现汽车中某个特定的局部，要有一个特写强烈突出这个局部，这个时候就会用到极限透视。极限透视的透视变化比较急剧，不像其他透视关系那么平缓，因此在画的时候要特别注意前后的透视变化。

汽车 A

01 本例要把握汽车前后极限透视关系，极限透视前后形态变化特别大。

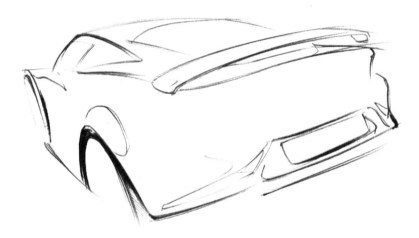

02 着重刻画尾部区域，比如尾灯等，可以适当画一些明暗关系，让造型转折更加明显。

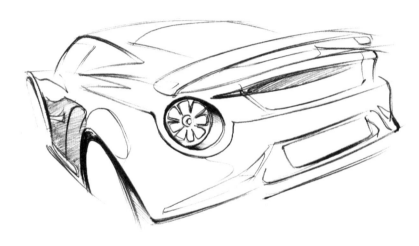

03 用排线法画出车窗、车身、车尾部区域的明暗关系。

04 继续深入绘制，对轮毂进行深入刻画，线稿阶段也要注意汽车的空间透视关系。

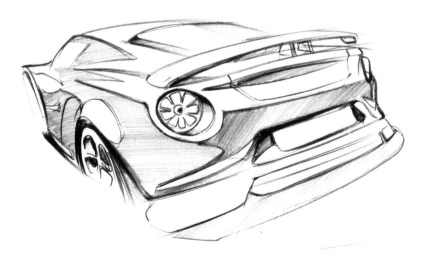

05 线稿完成，从线稿图中看出基本上已经交代清楚各个局部的明暗关系。

06 开始上色，首先用较深的马克笔。

07 画出车身颜色和投影颜色，注意笔触要放开，不能收得太紧。

08 这款汽车选用灰色和橘红色搭配，对比强烈。

汽车 B

01 首先画出极限透视的延伸线条。

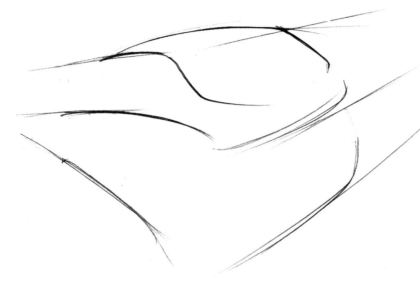

02 开始以极限透视延伸线条为参照画出汽车车窗、顶棚线条等。

03 轮包以及尾部的线条也要画出。

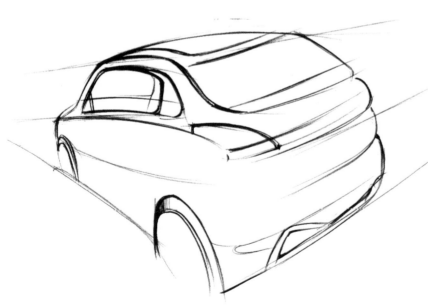

04 适当画出尾部的明暗调子，交代清楚尾部的造型转折，用排线法画出其他区域（车窗、车尾等）的明暗关系。

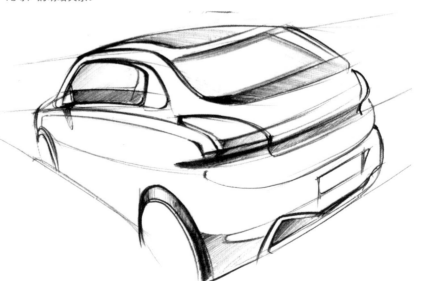

05 继续用排线法画，注意排线的轻重关系。

06 开始上色，首先从车窗开始画起。

07 接下来对车体左侧造型区域上色，注意层次的变化。

08 对车尾灯进行上色，逐步完善整体效果。

案例分析：效果图实际上是梅赛德斯奔驰的品牌延伸设计，要符合企业的文化内涵，除了奔驰的三叉戟标志以外还要从奔驰的设计理念出发去思考设计其周边产品。

01 首先用圆珠笔画出主体线稿。

02 用圆珠笔铺出汽车的明暗关系，包括前进气口、投影、坐舱的明暗。

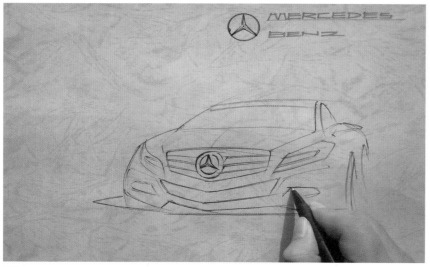

03 画出汽车周边产品的线稿。

04 继续深入细化产品线稿。

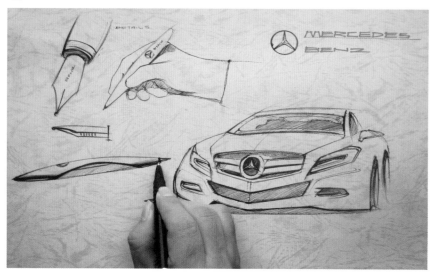

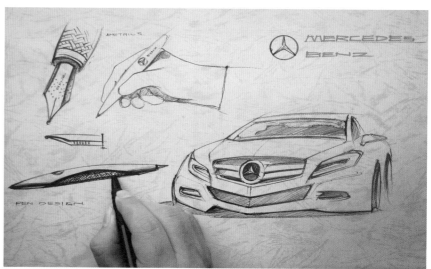

工业设计手绘宝典——创意实现+从业指南+快速表现

05 线稿完成，准备上色。

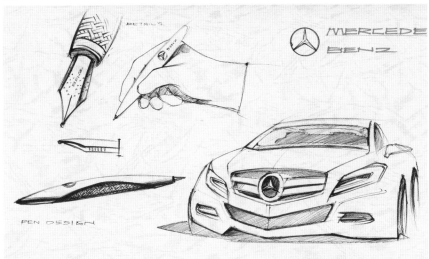

06 先用浅灰色颜色开始画，从车窗到车的前大灯区域。

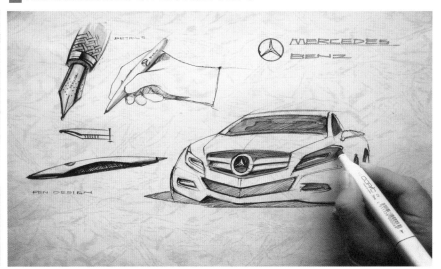

07 用另一只比较深色的笔画出暗部区域。

08 对汽车的引擎盖进行上色，另外其周边产品也要进行上色。

09 继续深入上色，注意层次的变化。

10 用高光笔点出高光，为了让画面效果更加生动，在汽车右侧添加了一个机械人物。

11 最后效果的呈现。

案例分析：汽车内饰设计是汽车设计环节中的重要组成部分，汽车坐舱由于具有一定的可装饰性，所以汽车设计行业内目前也叫做"汽车内饰"。从造型设计角度来讲，在整车设计中内饰设计所涉及的组成部分相对繁多，内饰造型方面趋于简洁、大气，更加注重多种材质的应用搭配，所以在汽车内饰设计手绘表现中要尤其注意颜色的搭配、材质的表现。

汽车内饰 A

01 首先画出汽车坐舱的边缘线。

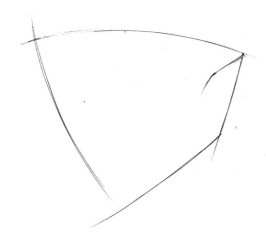

02 接下来画仪表台，也是先确定好大致轮廓位置。

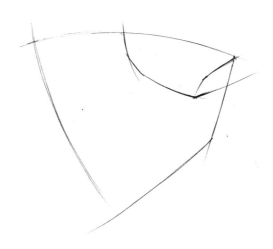

03 画出中控台的大致轮廓。

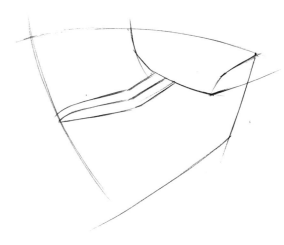

04 确定出座椅的大致位置。

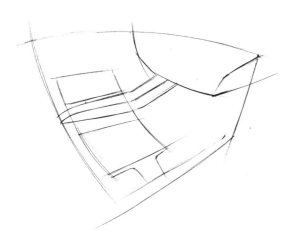

05 通过上一步的座椅位置的大致确定，把座椅靠背画出来。

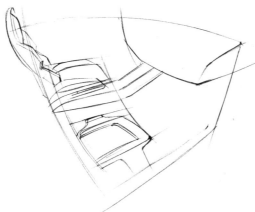

06 继续深入绘制。

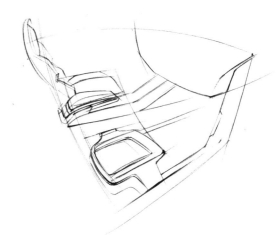

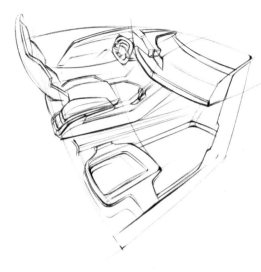

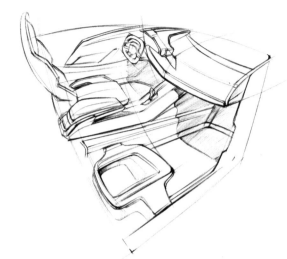

10 线稿确定好了以后开始上色，上色也是从仪表台开始画起。 11 对座椅靠背内侧和车门内侧上色，选用橙色进行绘制，有一个强烈对比。 12 继续深入上色。

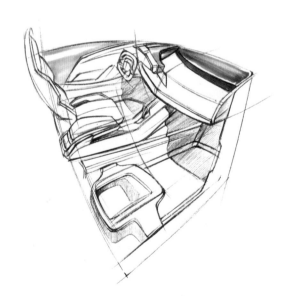

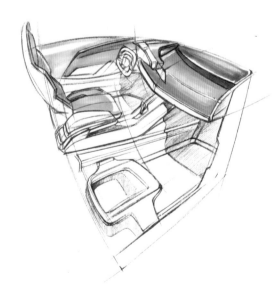

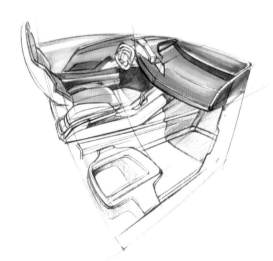

13 深入绘制其他区域的颜色。

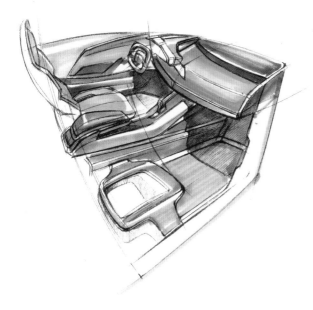

14 逐步拉开颜色层次，让各个局部的体量感加强。

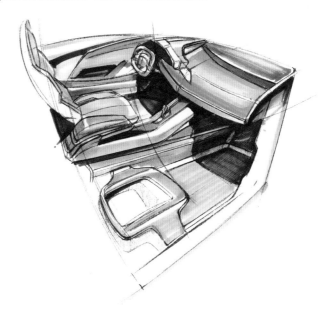

15 加强颜色过渡，加深投影区域的颜色。

16 最后效果的展示。

www.hsshouhui.com

AUTOMOTIVE INTERIOR

汽车内饰 B

01 这是另一个角度的汽车内饰设计手绘，首先勾勒出大致轮廓。

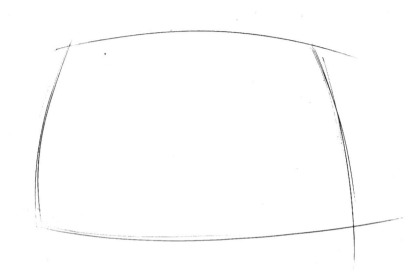

02 在已经勾画好的轮廓当中进行比例分割。

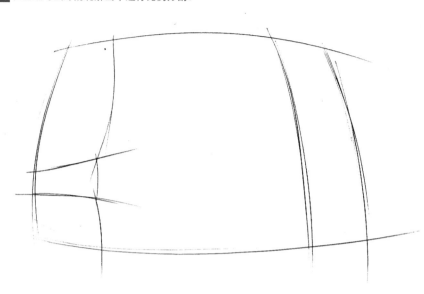

03 左边是仪表台，右边是后半部分的音响区域。

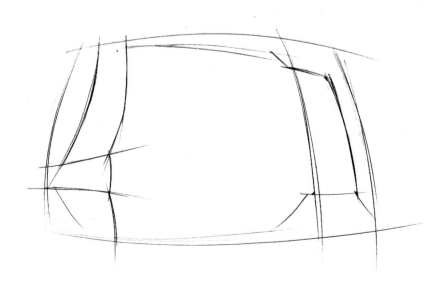

04 开始画座椅和方向盘，首先画出大致位置。

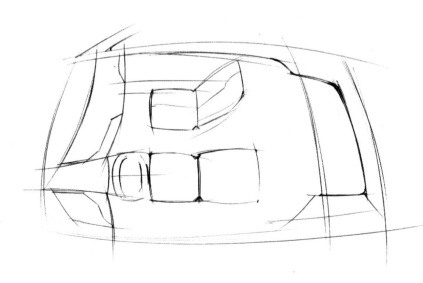

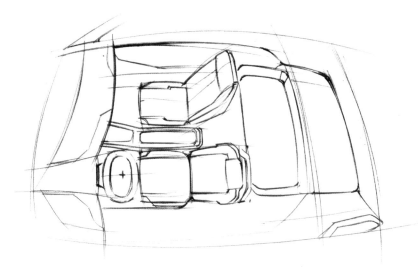

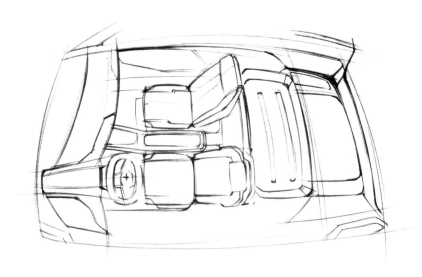

07 运用排线法画出座椅的投影。

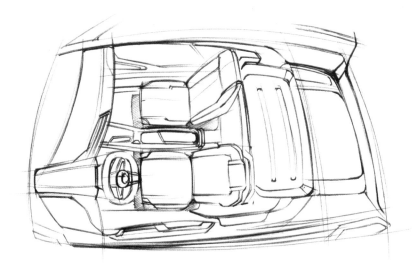

08 继续使用排线法画出车门内侧、方向盘、变速杆的投影。

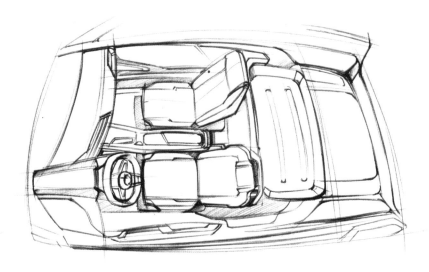

09 开始上色，先选用浅一点的颜色对仪表台进行上色。

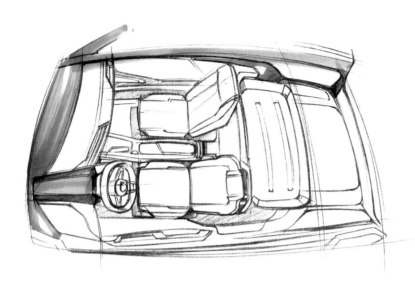

10 围绕着座椅四周上色，注意颜色的层次变化。

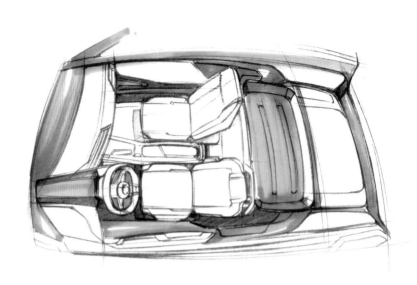

11 开始对仪表台和座椅上色，选用比较艳丽的橙黄色。

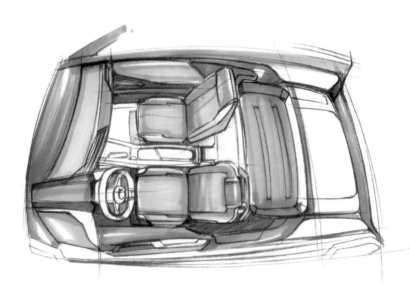

12 继续深入上色。

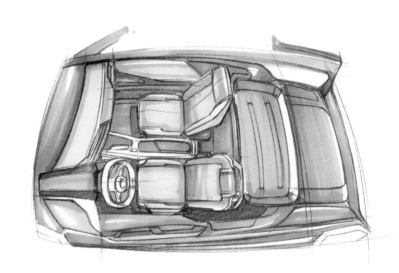

13 注意面与面的转折要有颜色的深浅变化。

14 继续加深颜色中的深层次。

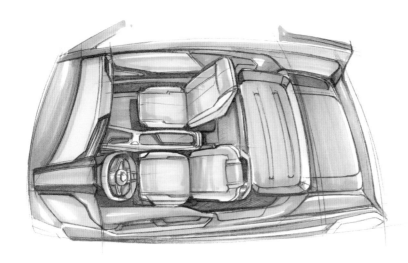

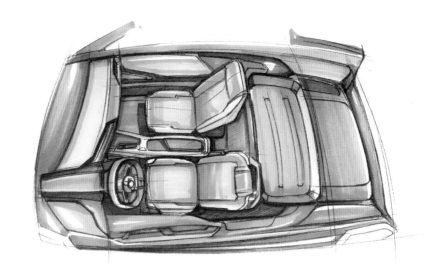

15 对仪表盘内部细节进行刻画。

16 用高光笔点出高光。

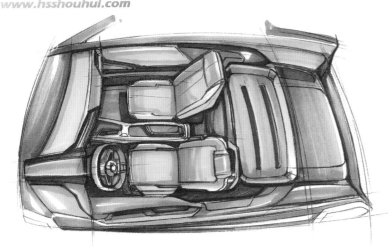

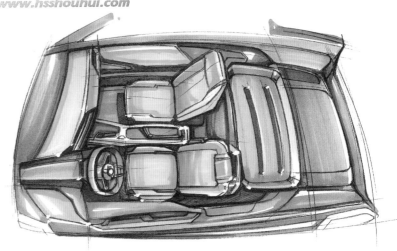

01 画出座椅的中轴线。

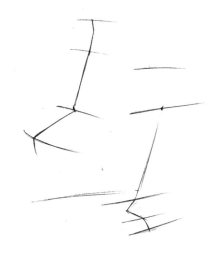

02 通过中轴线向两边延伸，线条要放松，不能太深。

03 画出座椅的局部造型，结构线显得尤为重要。

04 注意线条之间的穿插与连接，始终保持放松状态。

05 铺出阴影，让座椅更立体。

06 开始上色，首先用浅色马克笔画出座椅的暗部。

工业设计手绘宝典——创意实现＋从业指南＋快速表现

07 对座椅的转轴局部上色。

08 座椅中除了灰色区域，另外又搭配了玫瑰红色，让整体效果更加生动。

09 用高光笔点好高光，绘制完毕。

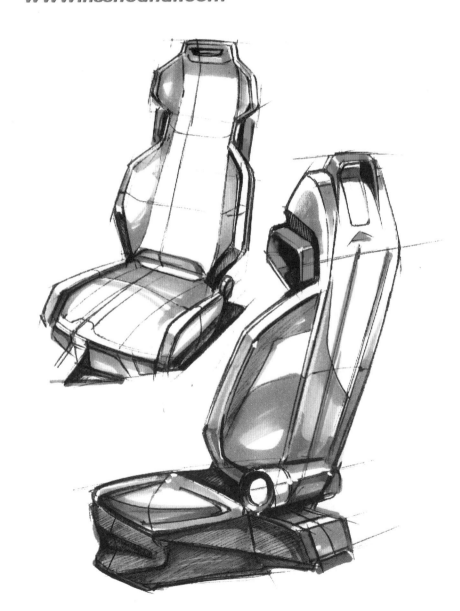

案例分析： 沙漠高性能越野车主要突出动感、越野、结实、粗犷等风格，轮胎较为厚重，底盘较高。手绘表现时要注意各个部件的造型拿捏。

01 绘制出底盘和轮胎大致透视关系。

02 画出肩线，继续深入绘制。

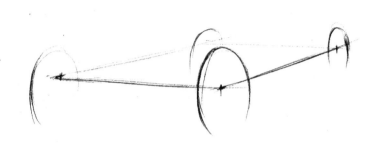

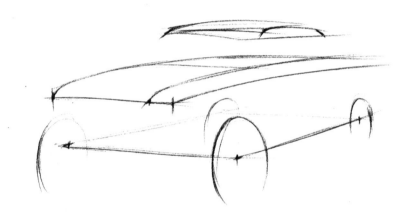

03 连接沙漠高性能越野车的 A 柱线条。

04 绘制出沙漠高性能越野车的前脸大致轮廓。

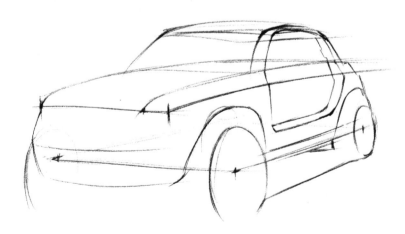

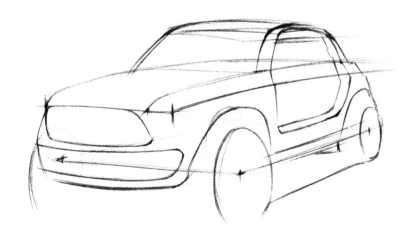

05 标注出座椅位置。

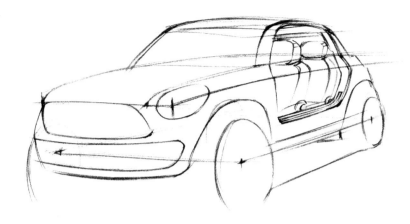

06 绘制出大灯、雾灯等。

07 逐步完善线稿。

08 把投影画出来。

DESERT THE HIGH-PERFORMANCE SUV
WWW.HSSHOUHUI.COM

DESERT THE HIGH-PERFORMANCE SUV
WWW.HSSHOUHUI.COM

DESERT THE HIGH-PERFORMANCE SUV
WWW.HSSHOUHUI.COM

DESERT THE HIGH-PERFORMANCE SUV
WWW.HSSHOUHUI.COM

DESERT THE HIGH-PERFORMANCE SUV
WWW.HSSHOUHUI.COM

工业设计手绘宝典——创意实现 + 从业指南 + 快速表现

案例分析： 沙滩车又叫做全地形四轮越野车，沙滩车是可以在任何地形上行驶的车辆，一般情况下要求简单实用、越野性能好，所以沙滩车对车轮的要求很高，在画沙滩车手绘效果图的时候要重点刻画其车轮造型。

01 首先画出沙滩车侧视图的大致轮廓。

02 画出轮包造型，要注意轮包和整车的比例。

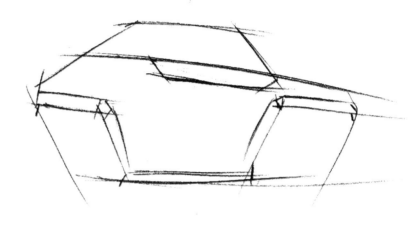

03 画出轮胎造型，轮胎呈锯齿状，要注意上下高度的协调。

04 画出车门、车把手、车毂，用排线法画出阴影，细化车窗周边造型。

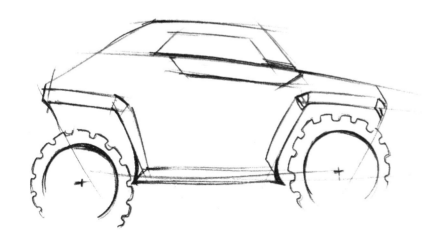

05 开始上色，首先选用橘红色进行上色。

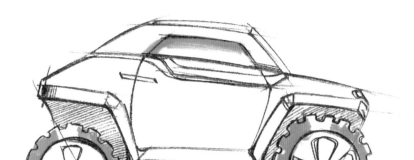

06 用浅灰色对车身上色，因为车身略微带有一些弧度，所以上色时要注意从下往上。

07 这一步用较深颜色的马克笔对阴影上色。

08 开始对轮毂上色，注意留出空白区域，车窗中间位置用高光笔点好高光，加强质感。

All-terrain vehicle
www.hsshouhui.com

案例分析：小型汽车体积较小，在拥挤的城市当中经常会见到比较个性化的小型汽车，有丰富的配色。在画小型汽车的时候注意好比例的控制，本节给出同一款小型汽车的两种视图。

侧视图

01 首先抓住几根主要线条。

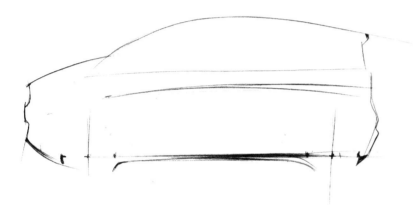

02 画出车窗以及轮包，肩线位置的造型也要交代清楚。

03 继续逐步深入，前大灯、尾灯、后视镜等部件都要一一画出来。

04 用排线法画出整车投影、后视镜的投影等。

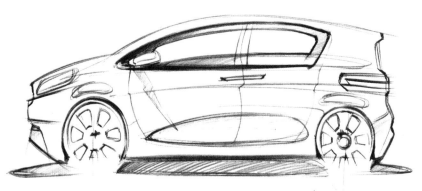

07 上色阶段首先从裙线开始，记住颜色过渡要柔和。

08 继续深入上色。

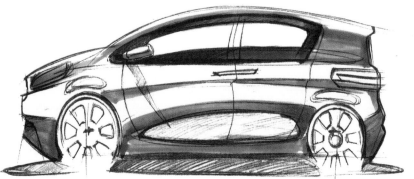

09 当灰色画好以后，选择蓝色、红色、橙色分别用于轮毂、尾灯和车窗。

10 最后效果的呈现。

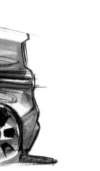

Business Purpose Vehicle
www.hsshouhui.com

后 45 度视图

01 首先画出几根主线。

02 画出车窗以及肩线，这个时候是在找线的位置，所以线条要先轻后重，注意握笔的力度。

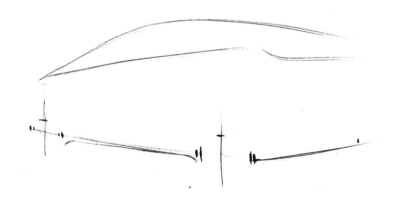

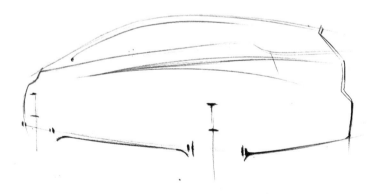

03 等到肩线与裙线确定下来以后，开始尾部的绘制。

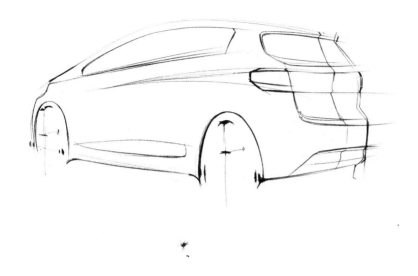

04 对小型汽车的车窗光影用排线法进行绘制。

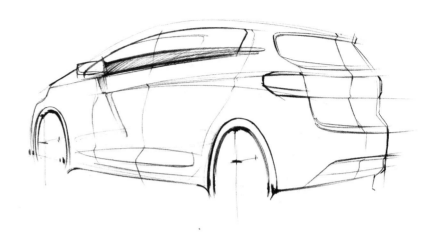

05 进一步深入绘制。

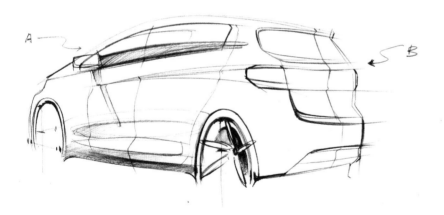

06 当各个局部线条都确定好以后，加深这些线，让造型更加明确。

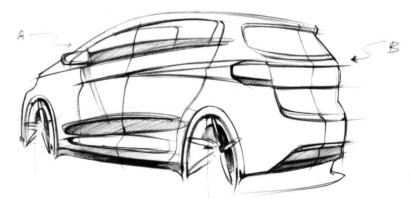

07 开始上色，首先用比较浅的马克笔。

08 车窗采用蓝色配色，注意蓝色的层次变化。

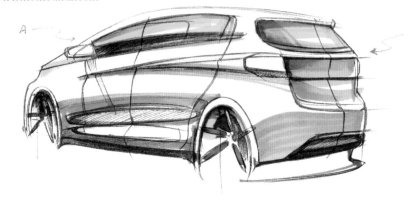

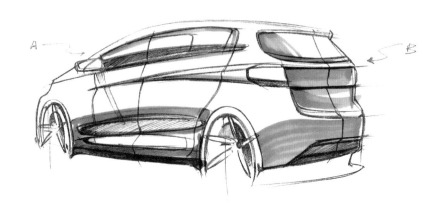

09 对尾灯上色，注意笔触的连贯性。

10 用高光笔点上高光。

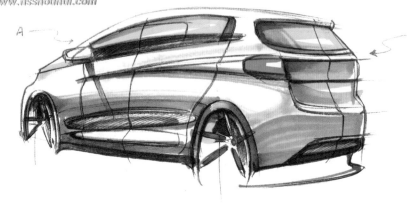

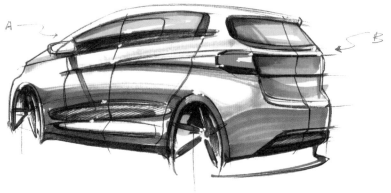

案例分析： 迷你 SUV 是近年来的流行趋势，高性能、低能耗，造型动感。设计手绘时要注意相对突出的大轮胎以及较高的底盘。

迷你 SUV（A）

01 先从底盘开始，记住如果你掌握不了底盘线、腰线、肩线、莫西干线同步画出，
就单从底盘线开始画起。

02 在底盘线的基础上画出肩线。

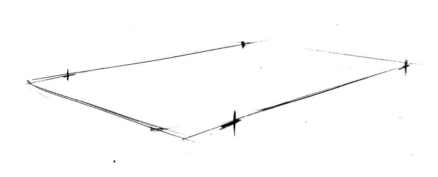

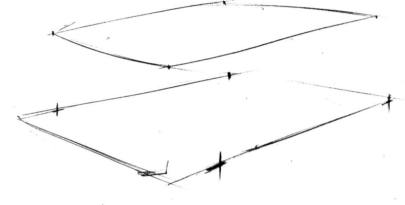

03 连接底盘线和肩线，连接上底盘线和肩线以后形成了一个体块空间，就是车身主体。

04 画出汽车顶棚面。

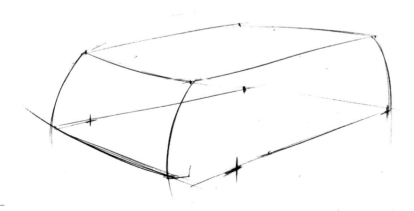

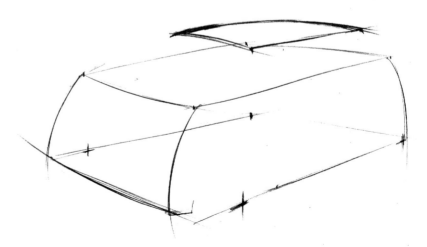

05 当顶棚面画好以后连接这几根线。

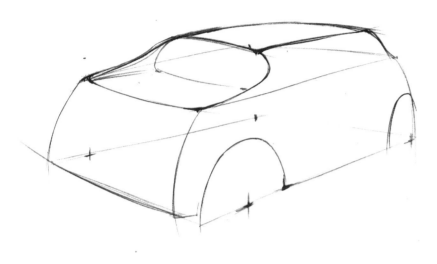

06 开始在汽车主体上进行小局部的刻画，比如汽车的前大灯、前进气口等。

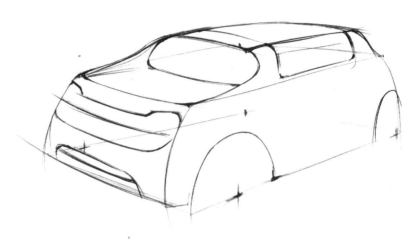

07 继续深入绘制，丰富车轮轮包。

08 画出轮毂、前大灯、雾灯等局部。

Minicar
www.hsshouhui.com

09 开始上色，首先用灰色系马克笔进行上色，记住要按照汽车的造型转折来画。

10 汽车车窗玻璃颜色采用艳丽的红色，增强对比。

迷你 SUV（B）

01 首先画出主线，注意透视关系。

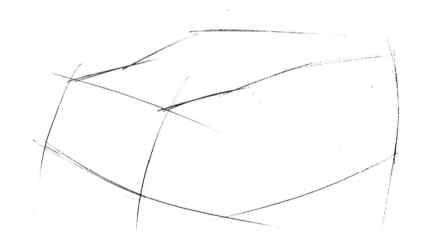

02 用几根主线条表达出引擎盖和车前挡风玻璃的线。

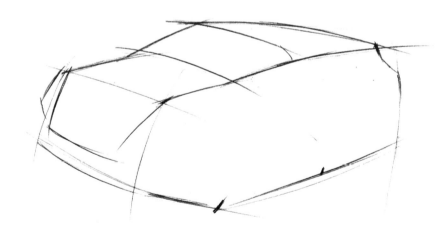

03 画出肩线，标出车轮位置，注意前后的透视关系。

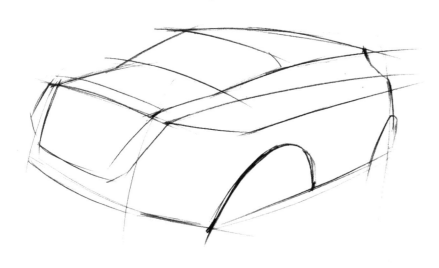

04 继续深入绘制前大灯造型。

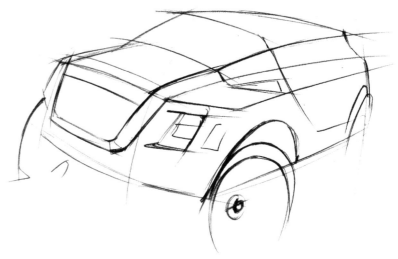

05 汽车保险杠、前部进气格栅和轮胎齿轮这些局部也要交代清楚。

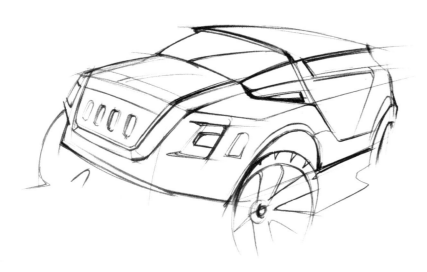

06 用排线法画出整车的投影，衬托出车体，让其造型更加突出。

07 继续用排线法绘制，注意排线的疏密程度。

08 开始上色，用灰色系马克笔，先从车体的暗部区域着手。

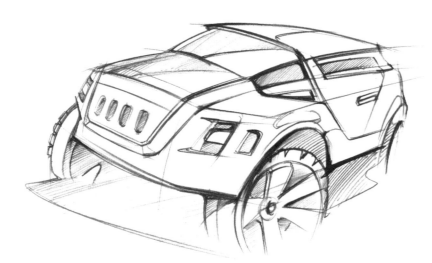

09 配色采用灰色和米黄色搭配，大气、稳重，有一定的对比。

10 最后效果的展示。

工业设计手绘宝典——创意实现+从业指南+快速表现

案例分析： 休闲跑车属于跑车的一类，同样是底盘较低，画其效果图的时候要注意造型的变化，形态的统一，颜色搭配比较多样化。

休闲跑车 A

01 首先画出休闲跑车的莫西干线和底盘线。

02 画出轮胎线条，注意整车的体量感。

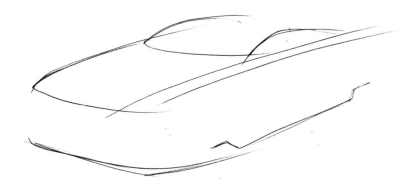

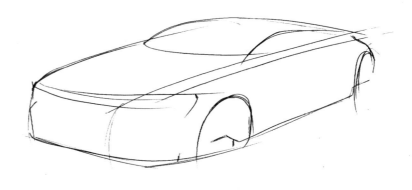

03 开始绘制前脸，找好几个主要的点。

04 当前脸的点定准以后，开始加重线条绘制前脸的各个局部。

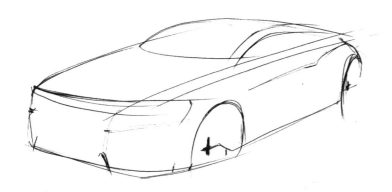

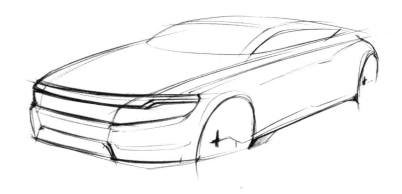

05 画出休闲跑车的投影和车窗玻璃的光影。

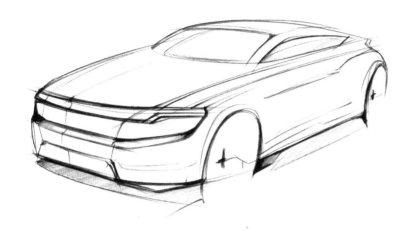

06 开始上色，选用蓝色和灰色搭配，从暗部开始画。

07 用较深颜色的马克笔加深汽车的投影和车窗玻璃颜色。

Leisure sports car
http://blog.sina.com.cn/hsshouhui

SPORT

工业设计手绘宝典——创意实现 + 从业指南 + 快速表现

休闲跑车 B

01 首先画出几根主线，要注意线条的轻重。

02 当主线确定好以后，开始以主线为依据画出其周边的局部线条。

03 画出车门，这一步比较关键，稍微掌握不好就容易造成比例误差，因为车门是打开的状态，相对比起车身要离视线更近一些，所以要适当把这个车门的尺寸画大一些，这是符合正常透视原理的。

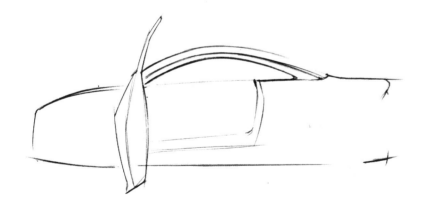

04 开始画前大灯区域，注意每个局部和整体车身的比例关系。

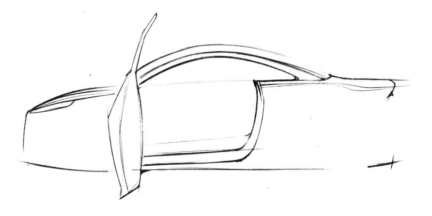

05 开始座椅刻画，注意线条不要太重。

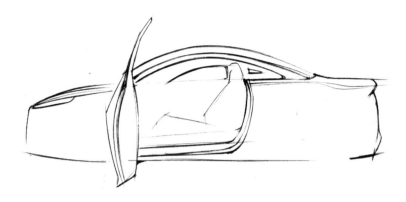

06 画出车轮，进一步完善内饰等局部。

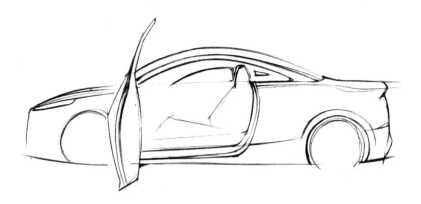

07 当外部造型都确定清楚以后，座椅、仪表台等也都要表达清楚。

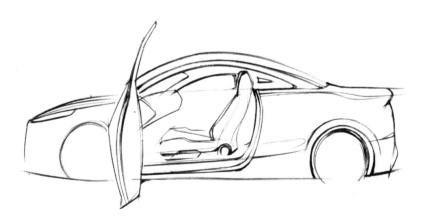

08 画出轮毂，线稿完成。

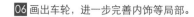

AUTOMOTIVE INTERIOR
www.hsshouhui.com

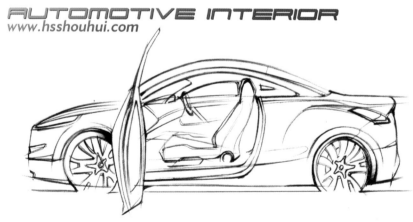

09 首先选择中灰色和橙黄色颜色搭配，要记住颜色要尽量压着线框，不要画出线框。

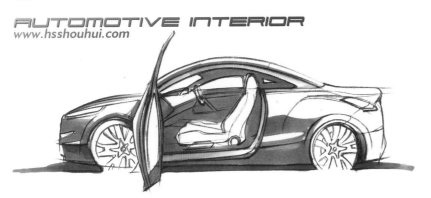

10 逐步完善上色，点出高光点。

休闲跑车 C

01 首先画出主线。

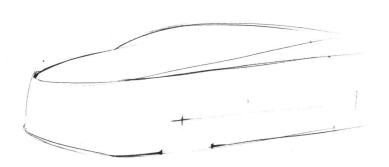

02 在跑车左边加了三个人物，让整体效果更加生动。

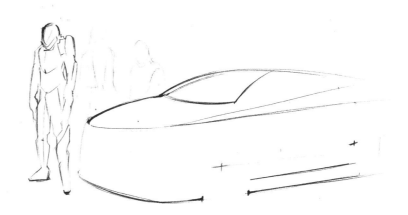

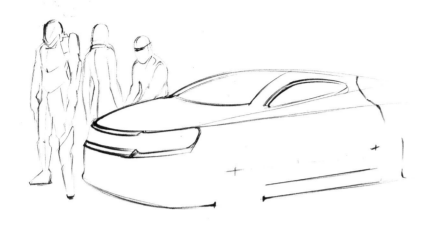

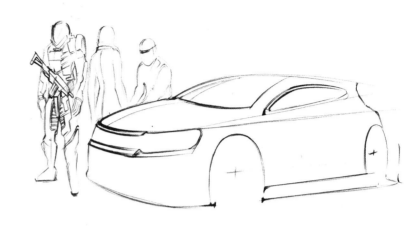

05 对前脸造型进行刻画。

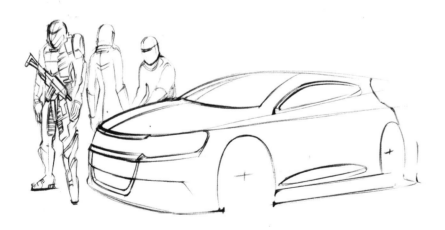

06 画出轮毂，另外引擎盖、雾灯等局部造型线条也要表达清楚，深入绘制轮胎局部造型。

07 对前大灯、后视镜等小局部进行深入绘制。

08 开始上色，首先用灰色马克笔。

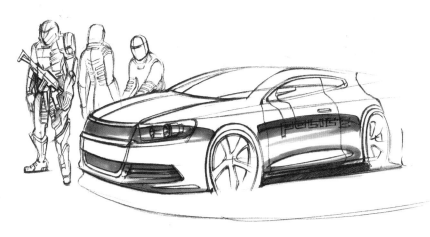

09 对轮毂进行上色，注意协调局部和整体的关系。

10 继续对车身上色。

11 对车窗进行上色，注意留出空白区域，让其玻璃质感表现出来。

12 画出投影，注意笔触方向的统一性。

13 继续深入上色，加深车体的暗部区域，让画面效果对比更强烈。

14 用高光笔点上高光。

POLICE PATROL CAR
www.hsshouhui.com

POLICE PATROL CAR
www.hsshouhui.com

案例分析： 概念越野车是属于未来的一种理想化车型，整车设计感较强，给人强烈的动感。画这种车型的时候要特别注意把科技感表达出来。

01 这个设计带有一些俯视的角度，首先抓住其特征：带有大弧度线条的造型元素。

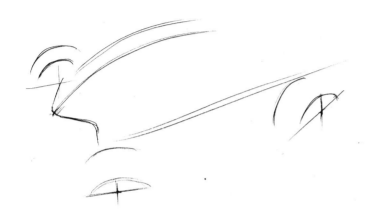

02 逐步完善，注意四个轮胎的透视关系是不一样的。

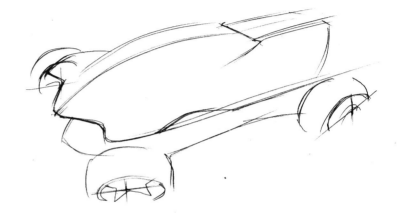

03 深入画出其他几个局部造型元素。

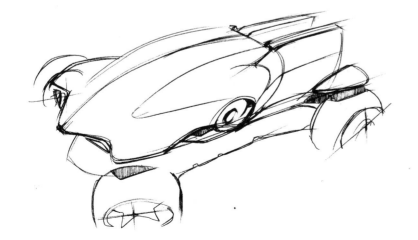

04 绘制投影，让车体的立体感觉更强烈。

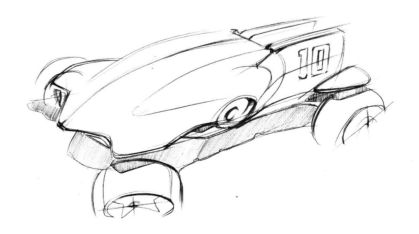

第 12 章　手绘技法表现之汽车外观与内饰

05 继续深入刻画。

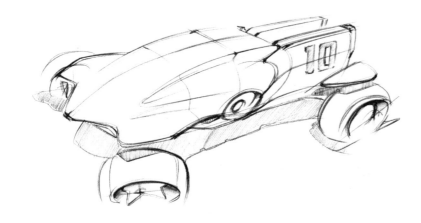

06 开始上色，首先把投影和主要背光的区域画出来。

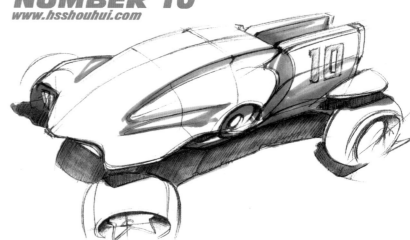

07 深入上色，包括前大灯和尾灯的颜色。

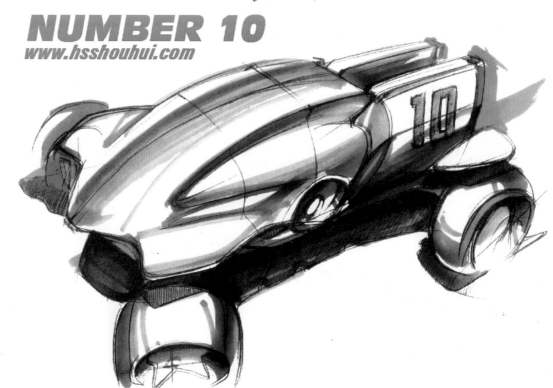

案例分析： 运输大卡车是属于卡车车系中的大型卡车，体积很大，有的大卡车的车轮都比人还要高，因此常常给人壮实、坚固、高大的形象。画运输大卡车手绘效果图的时候经常会用到三点透视原理，上色时一般以银灰色、黑色、黄色、蓝色、红色等颜色为主。

01 大卡车因为体积比较大，因此其透视关系应该属于三点透视，但是不是很明显，要把握度。

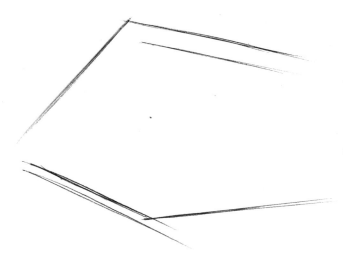

02 找到大卡车上面的几根主要线条，画出其角度。

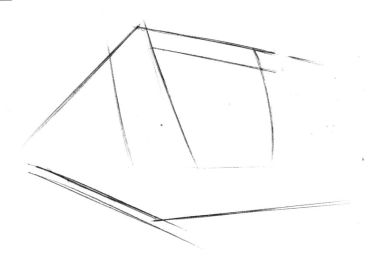

03 以几根主线为依据，慢慢延伸出大卡车其他局部的线条。

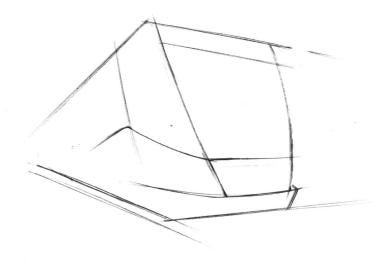

04 画出来后部的线条，还有侧面的车窗部分也要定出位置。

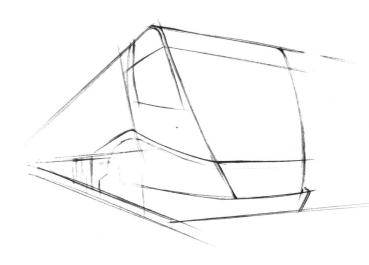

05 画出轮胎部分，车门的线条要标注出来。

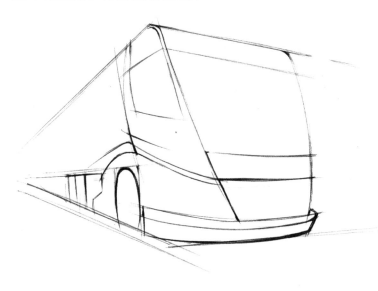

06 慢慢细化大卡车上面各个局部的造型线条。

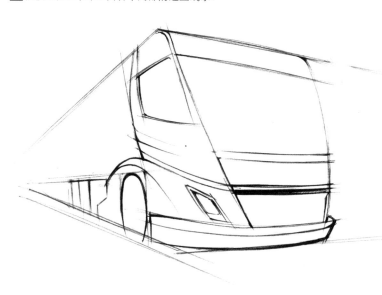

07 注意前挡风玻璃的长宽比例，把几大块区域划分出来，还有轮胎、轮毂也要画出。

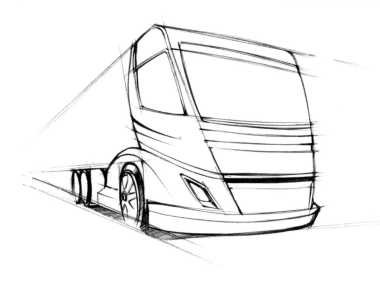

08 以上一步的线条为参照，画出卡车其他局部的线条。

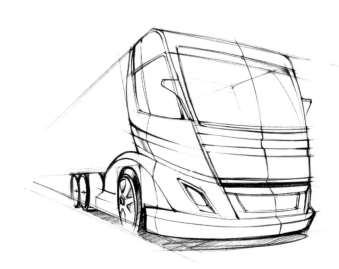

工业设计手绘宝典——创意实现＋从业指南＋快速表现

09 上色首先从卡车的侧面开始，记住要始终坚持依据卡车造型的明暗。

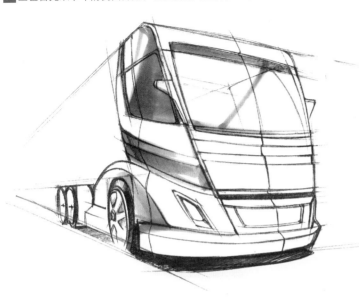

10 前挡风玻璃从这个角度可以清晰地看到卡车的另一面，所以用灰色马克笔把另一面的造型也画出来。

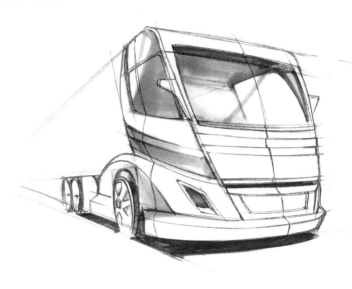

11 这一步是轮胎以及前进气口的上色。

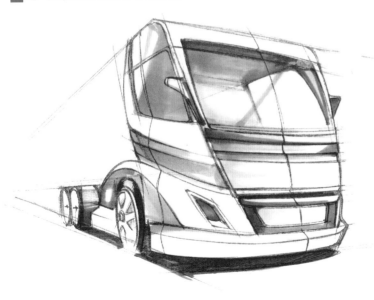

12 进一步顺着造型画出其他区域，注意笔触的变化。

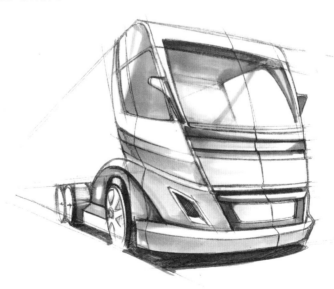

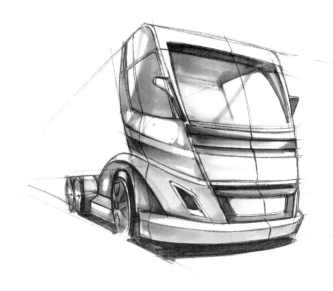

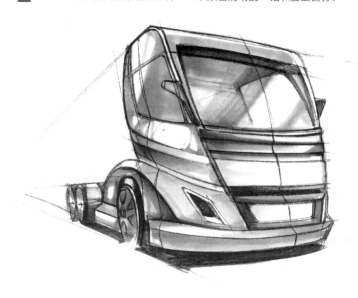

15卡车玻璃的颜色要进一步加深,让质感更加明显一些。

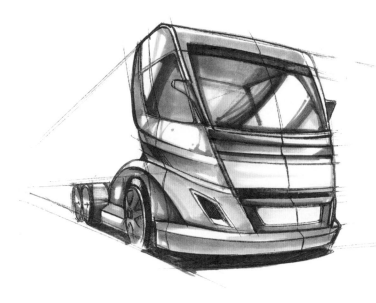

16加上文字,让版面更加协调。

Autotruck
www.hsshouhui.com

案例分析：常规的车型，一般情况以两厢、三厢为主，刻画重点在于汽车前脸、尾部、侧面造型，在画此类车型效果图的时候要注意面与面的过渡衔接。

正 45 度

01 抓住几根主要线条。

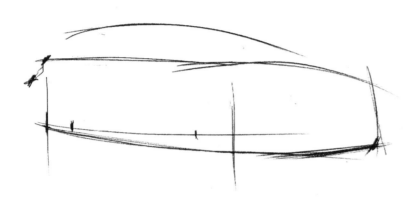

02 画出车窗、前挡风玻璃、轮胎等主要部分。

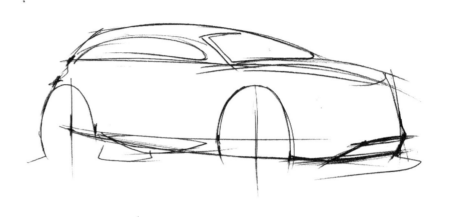

03 画出车门的造型，前格栅的造型要与引擎盖和雾灯造型相互协调。

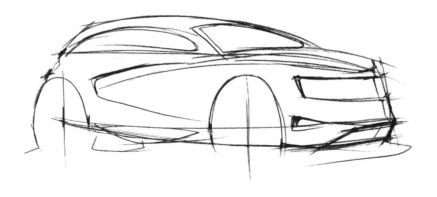

04 继续深入细节部分，线稿完成。

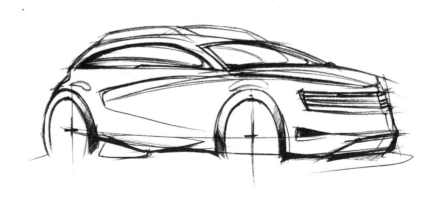

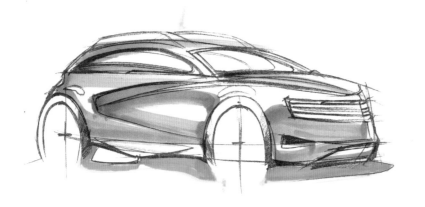

07 最后点上高光，让整张效果图更加生动。

工业设计手绘宝典——创意实现＋从业指南＋快速表现

正 60 度

01 首先从几根主要线条开始画：莫西干线、引擎盖、底盘线等。

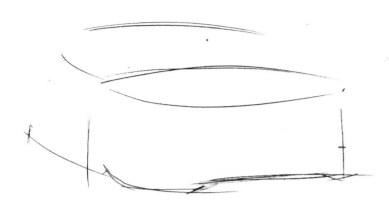

02 定出轮胎的前后位置。

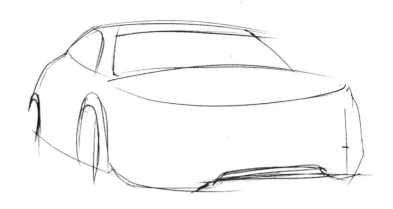

03 画出车前大灯、雾灯的大致位置。

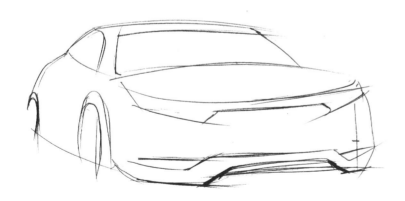

04 后视镜、前大灯、前格栅、轮毂，在这一步都要画出来。

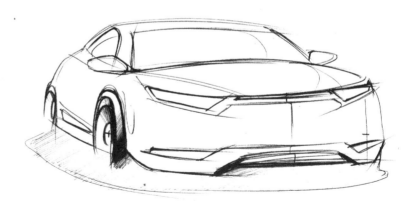

05 给车体画出阴影，让造型饱满起来。

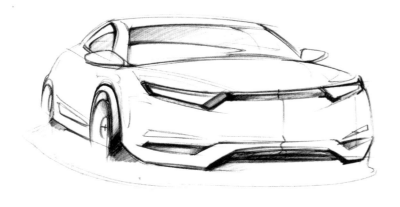

06 先对引擎盖、车前挡风玻璃进行刻画，注意造型的起伏。

07 运用橙色进行适当的点缀，让整体画面更加透气，注意整体版面的布局。

工业设计手绘宝典——创意实现 + 从业指南 + 快速表现

侧视图

01 首先从车体的几根主要线条开始，注意车的高低比例关系。

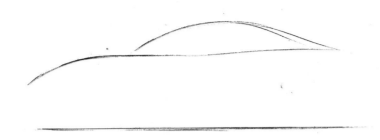

02 画出整车前端与后端的线条，定出轮胎位置。

03 定出轮胎的大小尺寸，把轮胎轮廓画出来，还有车体尾灯的造型。

04 车窗玻璃、车体侧面腰线的造型等要体现出来。

05 画出轮胎、轮毂，还有前大灯等其他部分，线稿就完成了。

06 开始上色，要顺着形体来上色。

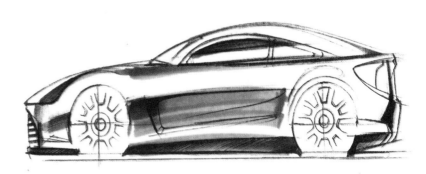

07 整车的顶棚区域还有肩线区域用蓝色马克笔稍微上一遍颜色，颜色不要太多。

08 尾灯用红色马克笔进行刻画，另外进气格栅部分也需要一定的刻画，运用高光笔点上高光点。

09 最终效果的呈现。

工业设计手绘宝典——创意实现＋从业指南＋快速表现

附　录

设计生活即为著这本书的作者平时的设计生活记录以及对设计的感悟……

梁军： 作为黄山学院艺术学院教师、黄山手绘创始人、"用笔建模"工业设计手绘模式创始人，有很多感触想与大家说。设计手绘在工业设计中的重要性众所周知！关键是带着思考的方法去对待！

我对设计的感悟："事物"，先有"事"而后才有"物"，忘记了"事"而造"物"，其结果是将造就一批没有意义或者无病呻吟的"设计"。

工业革命后，为实现工业化批量大生产为"事"，于是出现了"现代主义"；

"现代主义"后，为了给几何化、机械化的"物"注入生命与情感是为"事"，于是出现了"后现代主义"；

二战后，为了最大限度刺激生产和消费是为"事"，于是"商业设计"大行其道；

"商业设计"后，为了平衡人、物、环境而实现可持续发展是为"事"，于是提出了"绿色设计"；

而今天，全球性的金融萧条、社会的老龄化、发展的不均衡、过渡崇拜科技、文化延续的停滞与断层、自然对人类的惩罚性灾难、弱势群体等，是为今天的"事"。

　　设计该为今天的世界做什么，为今天的"事"提出什么样的解答，从而创造什么样的"物"，是设计的责任与价值。"事"是不断变化发展的，这也是"物"得以不断创新与发展的本源，也是我们需要搞懂的设计本质。

　　设计需要不断的推敲，而推敲设计最直观、最直接的方式就是手绘草图、手绘效果图，产品设计中的设计手绘需要有正确的方法，这样可以事半功倍，这也是我们编写这本书籍的初衷所在。

我在和同学们的接触过程中感受颇多！

ROJEAN：平时会受邀去全国各地讲座，我很享受和同学们在一起的时光，在讲授知识的过程中，这种交流，对于我自己也是一种不断提升的过程。

我也很喜欢和同学们交流，一起探讨问题，

作为上海工业设计协会的一员，感觉到自己的责任重大。

作为中国设计手绘同盟（bbs.shouhui119.com）的版主，感觉到自己应该做一些什么，在论坛上，有很多同学问问题，我想让同学们尽可能的学到更多！

我对设计的感悟：工业设计可以说是产品的灵魂所在，同学们记住要想做好这一职业，你一定要有自己的设计想法，有自己的设计特色，要与众不同，进入这个职业的前提是你要足够了解这个行业，了解这个市场缺少什么，人们的需求是什么，怎样才能够让客户、使用者、消费者更好地接受你的设计。设计之初，你必须对产品的功能、结构有了解之后才能去设计产品的外观，说的通俗一点，一件不合身的衣服反而会影响到产品的使用。

产品设计没有好与不好之分，一款对的设计对于一个企业是有多层面意义的，并且具有提升品牌形象、提高产品附加值、促进产品销售的作用。

产品设计从最初的想法到最后的量产需要经历很多过程，在这个过程中，设计手绘承载着相当重要的作用，设计手绘是设计人员把自己的想法以及蕴含在产品之中的需求、内在价值表达给人们的一种方式，是一种交流的语言。

手绘能力从某种程度上讲存在速成的可能，以下作品都是我们在长期教学中比较优秀的学员作品，虽然可能看起来问题还是不少，但是比起刚入课堂的时候要好多了。很多同学在几个月的训练中可以迅速达到上岗就业的水准，所以请大家勤学苦练，其实工业设计手绘没有那么难。

小型电力驱动汽车

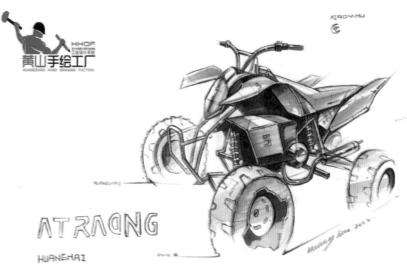

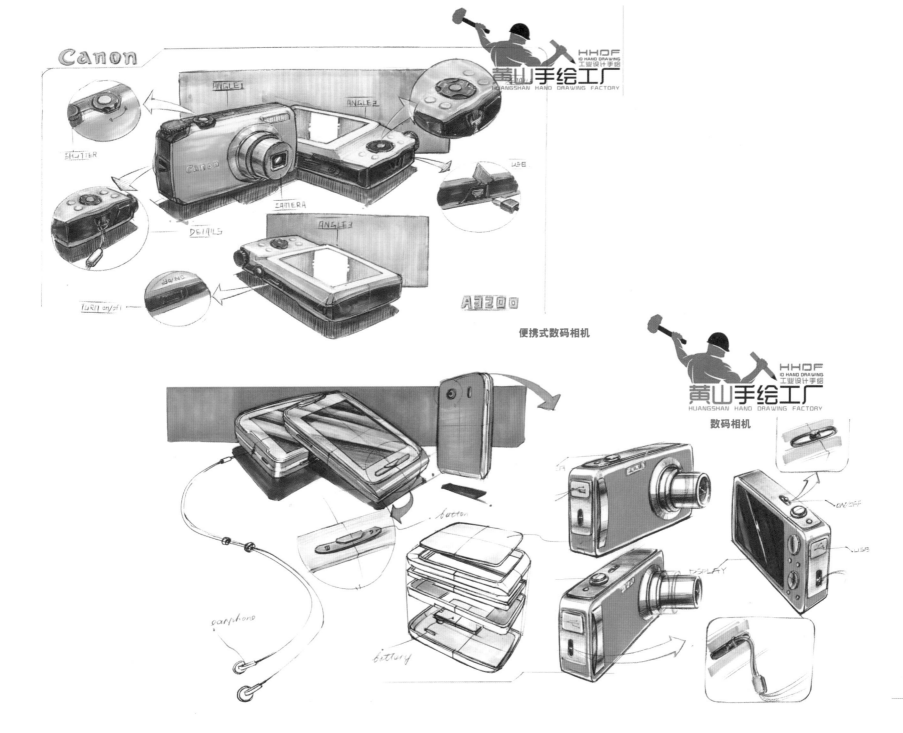

便携式数码相机

数码相机

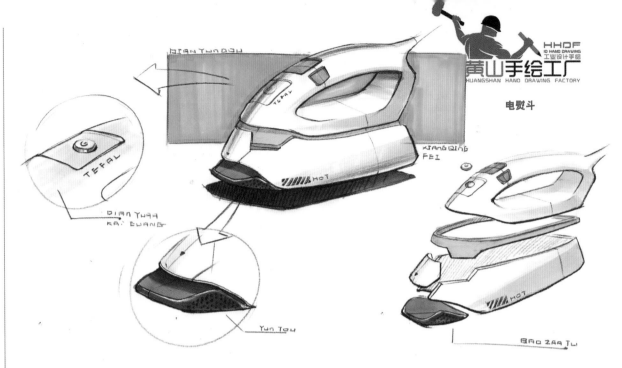

DIAN YUN DOU

电熨斗

XIANG QING FEI

TEFAL

HOT

DIAN YUAN KAI GUANG

YUN TOU

BAO ZAN TU

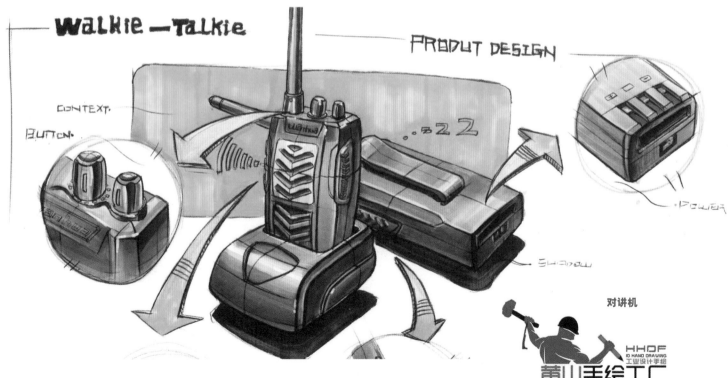

walkie — talkie

PRODUT DESIGN

CONTEXT.

BUTTON.

SHADOW

POWER

对讲机

手机

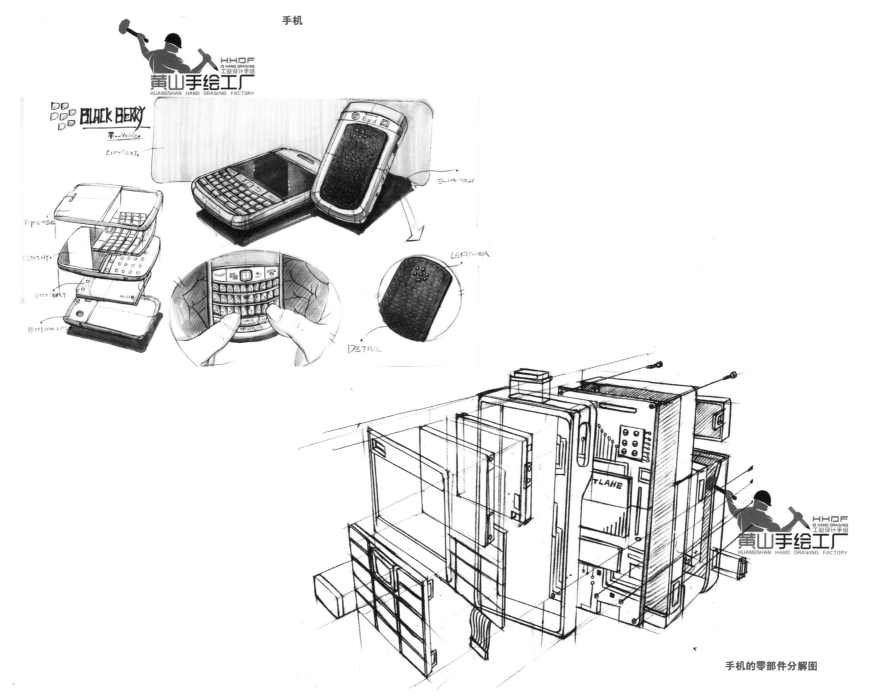

手机的零部件分解图

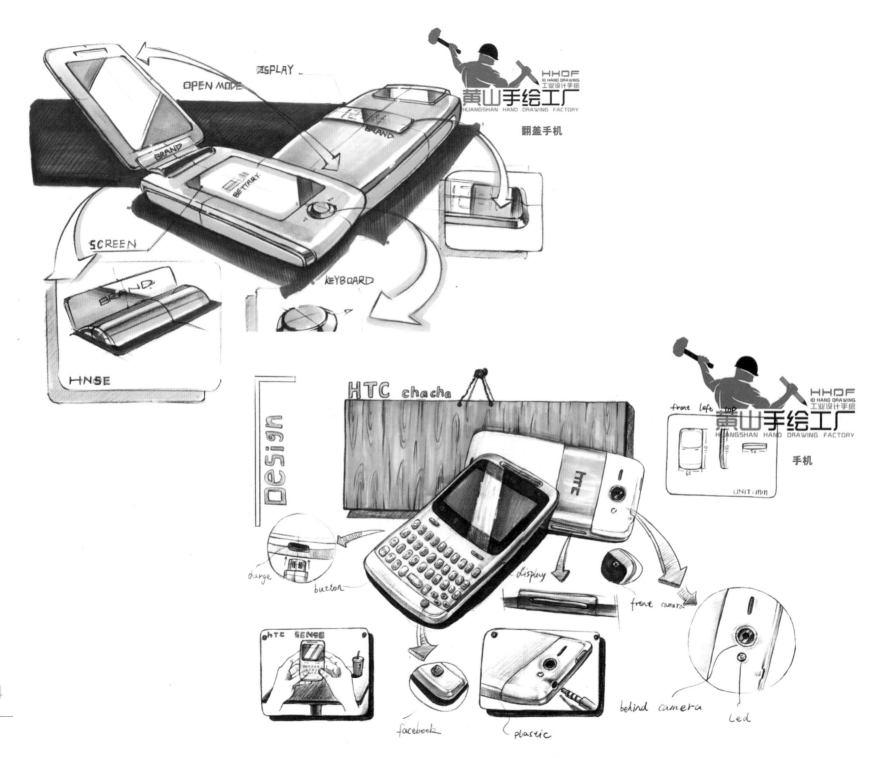

OPEN MODE
DISPLAY
BRAND
BRAND
BETTARY.
SCREEN
KEYBOARD
BRAND.
HNSE

HHDF
ID HAND DRAWING
工业设计手绘
黄山手绘工厂
HUANGSHAN HAND DRAWING FACTORY
翻盖手机

Design
HTC chacha
charge
button
htc
display
front camera
hTC SENSE
facebook
plastic
behind camera
Led

HHDF
ID HAND DRAWING
工业设计手绘
黄山手绘工厂
HUANGSHAN HAND DRAWING FACTORY
front left top
手机
UNIT:mm

工业设计手绘宝典——创意实现＋从业指南＋快速表现

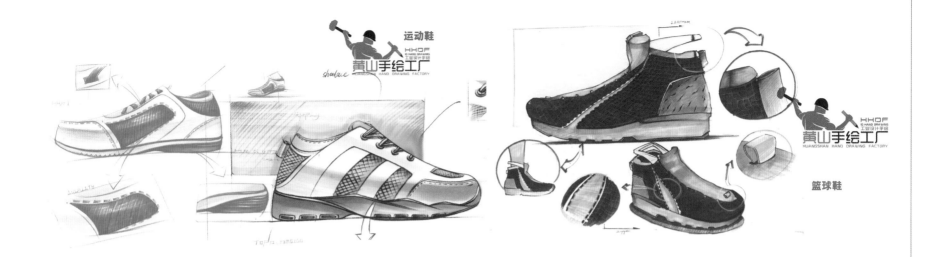

运动鞋

篮球鞋

NIKE

跑步鞋

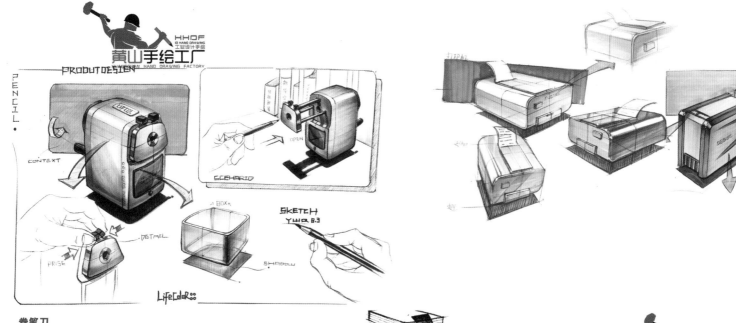

打印机

卷笔刀

在画效果图的过程中，注意产品本身的效果表现和使用场景的效果表现之间的关系协调。

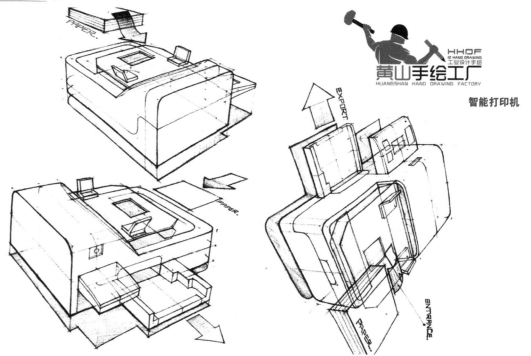

智能打印机

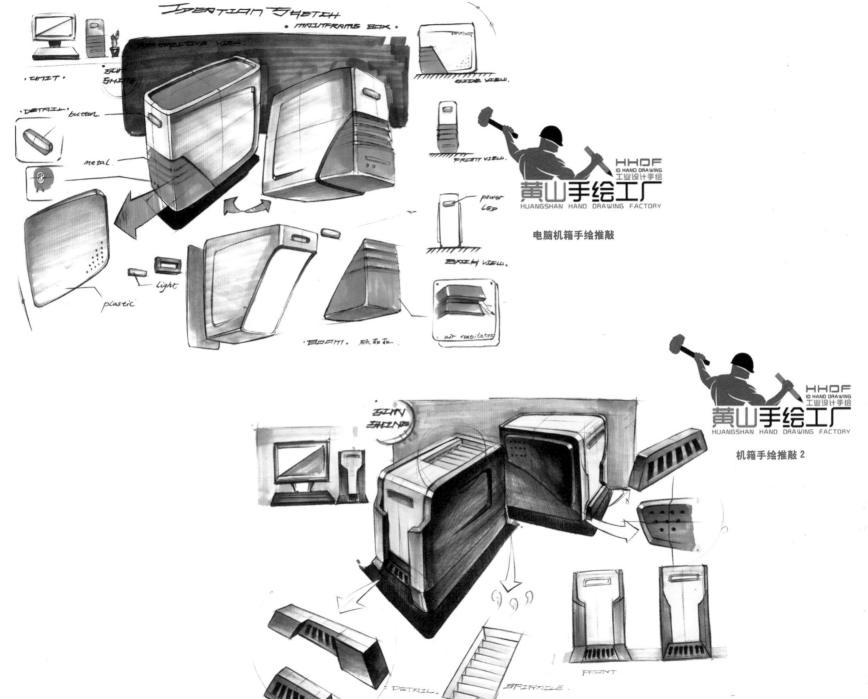

电脑机箱手绘推敲

机箱手绘推敲 2

附录

MUSIC PLAYER.

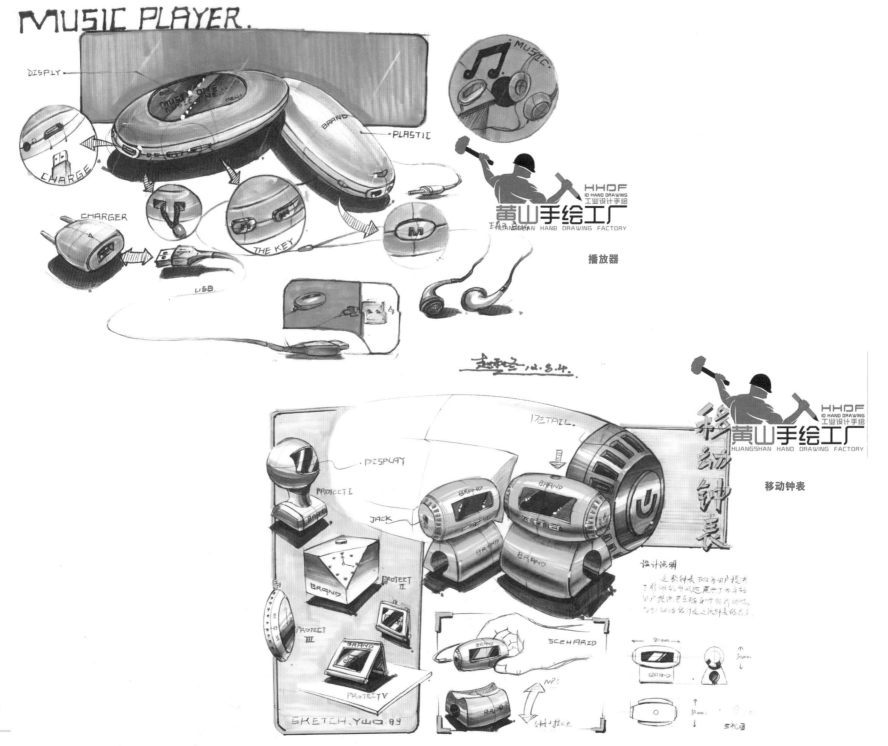

DISPLY

MUSIC.

CHARGE

PLASTIC

BRAND

CHARGER

THE KEY

M

USB

播放器

DISPLAY

DETAIL.

PROJECT I

JACK

BRAND

BRAND

BRAND

BRAND

移动钟表

PROJECT II

PROJECT III

BRAND

BRAND

SCENARIO

设计说明

PROJECT IV

BRAND

MP3

SKETCH. YWQ.99

笔记本

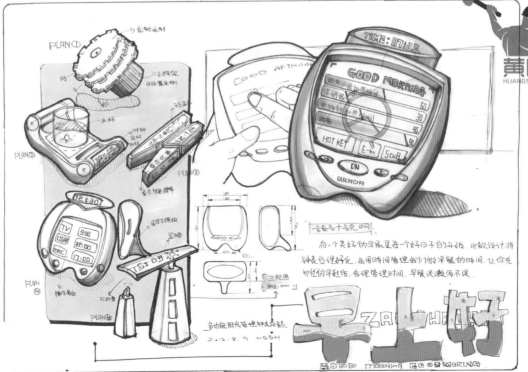

家庭智能操作仪器

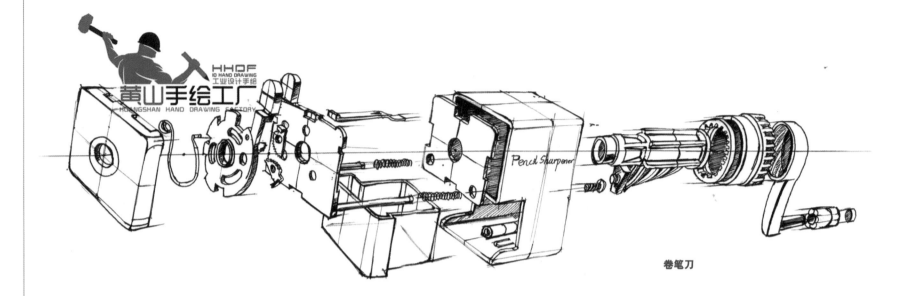

Pencil sharpener

卷笔刀

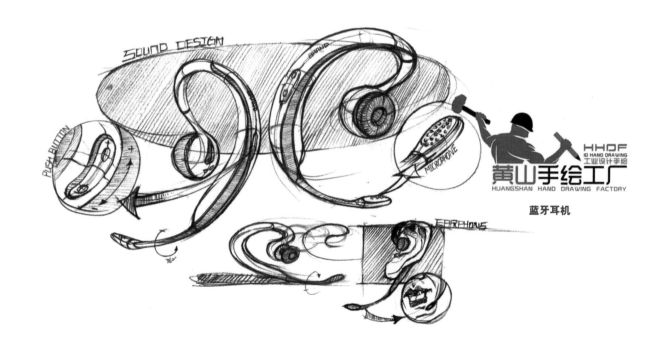

SOUND DESIGN

BRAND

PUSH BUTTON

+

MICROPHONE

EARPHONS

360°

蓝牙耳机

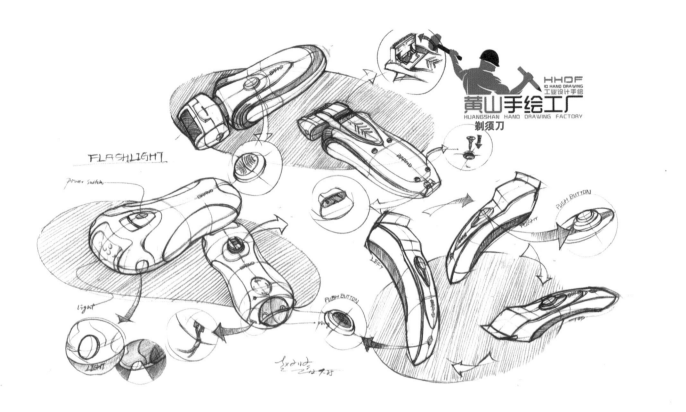

FLASHLIGHT

Power switch

light

LIGHT

剃须刀

PUSH BUTTON

PUSH BUTTON

概念手表

Match!

·Angle2

手表

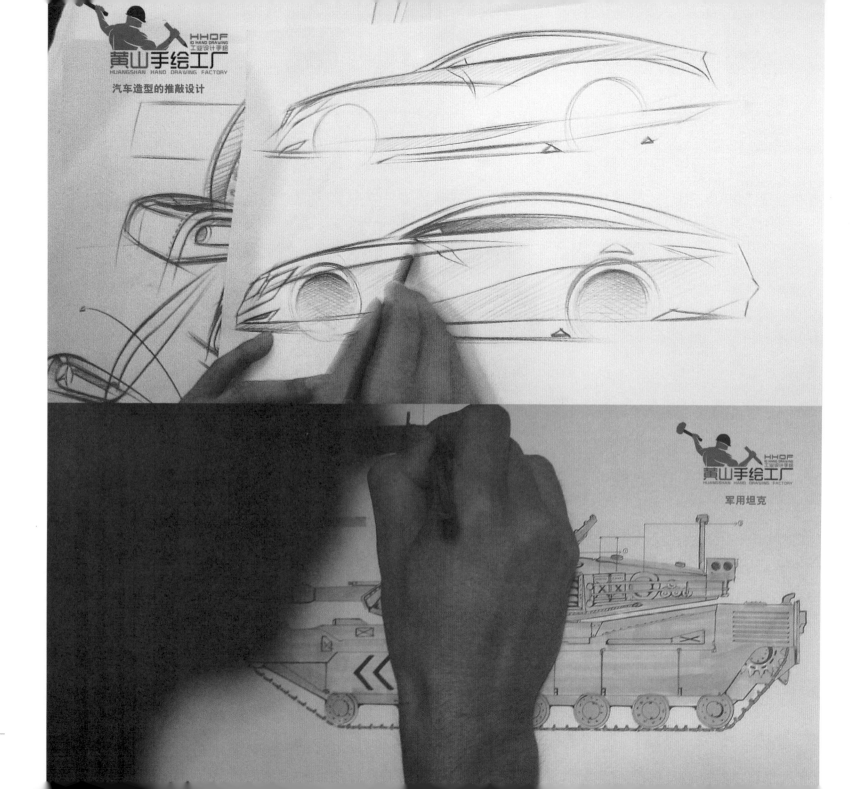

军用坦克

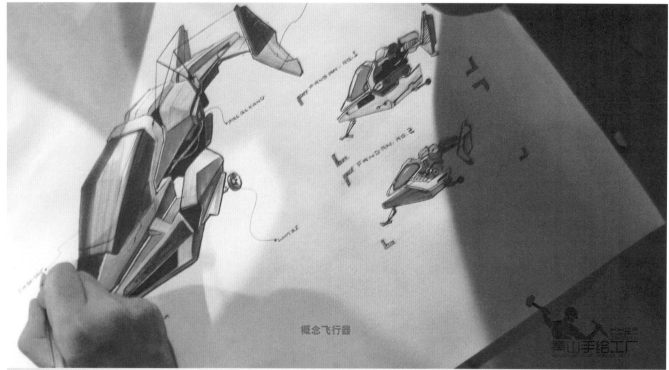

概念飞行器

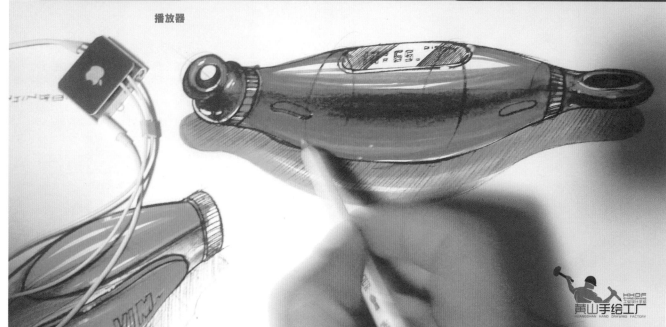

播放器

包具

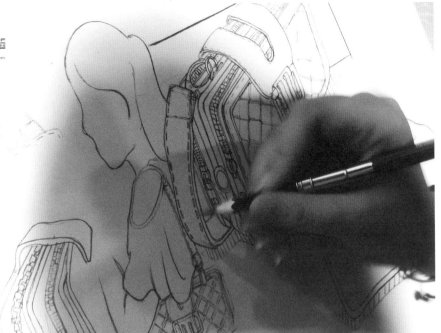

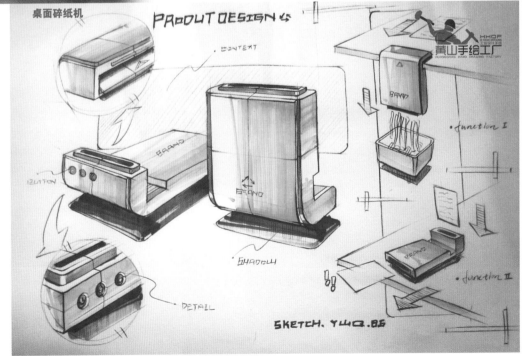

1. 学生： 在大学里的工业设计专业一般会学习什么课程？

梁军： 下面说的是通常情况，不代表所有的学校工业设计专业都是这个课程。

一般大学，从内容上讲要学习设计素描、设计表达技法、平面构成与设计、色彩构成与设计、立体构成与设计、工业设计导论、工业设计史、模型制作、工程制图、工程力学、机械设计基础、机械制造基础、平面设计、产品造型形态设计、多媒体设计表达、工业设计技术美学、产品设计发散的程序与方法、产品计划与价值分析、产品创新设计、计算机辅助产品设计、计算机辅助交通工具设计、产品设计原理等。

从课程上讲，主要课程：造型基础、设计概论、素描、设计色彩、效果图技法、产品速写、装饰设计基础、设计图学、设计心理学、产品语意传达、阴影与透视、工程力学（理工类）、工业设计机械基础、设计材料与工艺、工业设计概论、工业设计史、设计表达、模型设计与制作、计算机辅助平面设计、计算机辅助工业设计、产品摄影等。

专业基础：平面、立体、色彩构成、美学、基础图案、雕塑、基础设计等。

专业技术：视觉传达、人机工程学、计算机辅助设计、产品造型设计、设计程序与方法、产品设计、企业形象设计，甚至有的院校会有环境设施设计、设计管理等。

要知道，工业设计专业实践性很强，除理论课学习外，还需要参加多种实践教学科目，如美术实习、人机工程实习、工程材料实习、视觉传达设计实习、产品与环境认识实习、木工实习、产品设计实习、产品结构实习、装修构造实习、工业设计工程基础实习、毕业实习、毕业设计等。主要实验环节包括：模型实验、工程材料实验、金工实习、产品结构实验、产品加工实验等。

要学习的各种计算机软件有：二维 Photoshop（像素软件）、CorelDraw（矢量软件），造型方面三维软件的有 Rhino、3dsMax、Pro/E、AutoCAD 等。

2. 学生： 很多人都说工业设计产品量产，另外为什么说工业设计以人为本？设计与纯艺术的区别是什么？

ROJEAN： 工业设计是以为他人服务为目的的，从这一点上讲，它与艺术表现有着根本的区别。艺术创作不仅只是美学原理的运用过程，而且主要以自我表现为特征，是一种个性的展示。你看艺术大家大都个性强（这个不能说绝对），在人们印象里，好像搞艺术的就是男的留长辫子、留胡须这种，这在一定程度上是艺术这个职业所影响的，而设计反映的往往是社会的意志、市场的需求、用户的需求。说的直白一些，它不是为少数人服务的，而是为绝大多数人服务的。这是大工业生产方式所决定的。我认为设计是一种沟通，是传达思想的媒介，而艺术是一种表现，是创作。这并不是说设计里没有表现的成份，更不是说艺术是不在乎沟通的，但是两者是从不同的角度看待问题，放在设计圈和艺术圈中，对效果的表现上的重视是有较大差别的。设计不能凭感觉，很感性地去做，要考虑各方面的因素，要理性地去分析，要寻找最佳的解决方案，要把自己的设计感觉通过设计的成分翻译成大众能够理解的有效视觉语言。设计就好比写作，设计与写作都是在表达一种思想，设计可以是人与人沟通的桥梁。好的设计，通过使用、体验这个产品，可以讲一个故事出来，好的写作可以让人看到通过文字描述的美好画面。了解过工业设计发展历史的同学应该知道包豪斯提出的：（1）设计是艺术与技术的新统一。（2）设计的目的是人而不是产品，也就是现在我们常常听到的设计以人为本。（3）设计必须遵循自然与客观的法则来进行。这些观点对于后来工业设计的发展起到积极影响，设计也逐步由理想主义向现实主义过渡，即用理性的、科学的思想来做设计，而不是艺术上的自我表现、个性展示。从这一点上也足够说明设计与艺术的区别。

说得简单点，工业设计的任务是通过创造性的设计活动，将最新的科技成果转变为实用、美观的工业产品，以此改善人类的生活质量，满足人们不断增长的物质和精神方面的需求，以产品设计为重点内容。设计专业毕业生应该具有应用造型设计原理和方法来处理各种产品的造型与色彩、形式与外观、结构与功能、结构与材料、外形与工艺、产品与人、产品与环境、产品后续销售市场的关系，并将这些关系系统一表现在产品的造型设计上的能力，这也是设计专业学生需要具备的基本素质。

3. 学生：设计师和设计专业刚毕业的学生在设计公司一般会经历哪些过程？

ROJEAN：设计专业的学生在学校学到的都是基础，真正走向社会，进入实习公司，你将面临的是一个成熟的设计流程和完整的设计环节。 实习公司将是你成长的第一步，实习公司也许没有薪资，要摆正心态，清楚自己要的是什么，不是挣钱而是成长和学习，只要你知道自己的梦想是什么，想要的是什么，那么就不要去抱怨什么，也不要去和其他同学攀比什么，那样只会让你更加动摇。刚入实习公司的时候，公司一开始会给你实习成长的机会，会允许你犯错误，会允许你修正，会给你机会继续学习，也会用行业的标准来要求你，所以，这个时候，你会感觉很有压力，你要坚持下来，接收各方面的知识并要学会怎样运用。

在实习过程中，也许你设计的稿件被打回来，也许会有客户对你说：这个设计还要改一下，再改一下，甚至有很多批评，然而，你会在这样一次次的失败和挫折中成长。大量地工作，大量地学习，熟悉整套设计流程，学会适应这样的环境。这个时候，需要你调整好自己的心态，你是一个刚刚进入实习公司的，是一个新人，要多反省自己，然后学会去解决这些问题并从中找到解决问题的方法。

在实习公司里，如果你做了一段时间，一定会有自己的积累和判断，这个时候，老你需要不断提升自己，你会不断地发现新的创意设计等，经常看到优秀的设计，自己思考一下，人家为什么这么厉害，然后从中总结方法。设计是永远没有止境的，只有将来的设计和以前的设计之分。到运用熟练时，设计只是你表达的一种方式和手段，这时的你更多思考的是，如何为客户扩大销售产量，提升品牌价值，有策略地一步步去推广品牌，这就是你成熟的表现。你要永远要抱着学习的态度，包容和接纳他人的意见。能给你提供意见的人，才是真正对你好的人，漠视你的人是不会给你提供意见或是建议。在公司同事之间，永远不要觉得自己什么都会，自己很厉害，世界之大，比你厉害的人很多，值得学习的人也很多，所以要充分懂得调节自己的心态。

4. 学生：在设计公司或者企业里面怎样才可以更快的升职？

梁军：我要和大家说的是，在企业或者设计公司与其说去追求更快的升职，不如说去追求在企业或者设计公司能够更融洽的处理各种事情。要注意自己的言行举止，从而得到更好的升职机会，除了依靠自己的努力脚踏实地的工作，处理好同事之间的人际关系等，还有其他的一些因素，这些因素影响着你的升职，要知道现在很多公司或者企业的领导们除了对你能力的认可以外，还会注意到能力以外的一些东西，很多设计师之所以能得到更多的升职机会，还有得到公司领导们的认同，除了自身的能力，还有职场魅力。比如设计公司的某个项目经理，安排事情、处理客户关系、洽谈业务等方面有条有理，给人感觉就是不一样。在这里，讲几种针对性的方法，来辅助你在设计公司或者职场上获得更多的升职机会。

有哪几种方法可以让你在工作中得到更多的提升机会？简要的概括就是：提案的时候声音要清晰，与同事交流设计的时候声音要压低，注意倾听不同的设计意见，当然除了声音还有说话时的姿势，比如你的手势，在公司对客户或者领导要有足够的尊重，及时了解反馈信息，不断改善自己。

一般在拿着设计方案去客户那边提案，只需五分钟，看你设计的客户或你的上级领导，就会在心中给你还有你的设计方案下一个判断。能不能争取到某张设计订单，能不能被心仪的设计公司领导采纳，甚至能不能被大老板看中并提拔，也许就决定于你在叙述设计方案的一个手势，讲述的一句措词，或是一个微笑。就你的声音来讲，要是你讲话慌慌张张，语速过快，你觉得你的客户感觉会怎么样？很显然这种过快的声音往往会让别人感到神经紧张。如果你能将声音放得稍微低沉一些，速度控制得快慢适中，并且通过一些短小的停顿来引导听你说话的人，便能够很容易地赢得你要面对的客户的好印象。

在国外，比较大的设计企业有专门的提案老师会训练员工，他们给出的最基本的一条建议是："在谈话交流设计的时候，将身体放松，并且好好地控制自己双脚的位置。"也就是说，如果我们能够在说话的时候保持身体挺直，并将身体重心平均地分配到双脚上，我们的言谈就容易给别人带来更深刻的印象，说白了就是运用你身体的放松状态来缓解你的紧张情绪。说到运用身体的放松状态，其实就是要充分运用你的身体语言，说话时，展现出优雅的姿势，对设计方案的陈述状态很有帮助——我们不得不承认，这一点在很大程度上要取决于我们的身体语言。

当穿着没有精神的服装，耷拉着眼皮，慢吞吞地讲述你的设计方案时，肯定会在设计主管或者客户心目中留下没有睡醒、对别人不加理会或是唯唯诺诺的不好印象。然而，假如你是很轻松地，挺直腰板地快步进入设计方案陈述的工作状态的话，那么就不会给人前面的那种印象。

有人会问，那是不是意味着我们就要像模特一样摆出各种夸张的姿势？我说：其实只要注意不要驼背弓腰就可以了。因为只会将身体蜷起来做事情或者走路的人，常常会给人以一种很不真实的感觉，老板在考虑设计主管升职名单的时候，往往会把这样的人的名字第一个删掉，要改善这种姿势的训练方法是到设计公司的卫生间的镜子前或者你留意到从办公桌望出去某块玻璃上你的影子，是不是卷腰驼背、无精打采的样子，好好审视一下自己，时时刻刻记得提醒自己，改掉这种不好的姿势习惯。

刚刚讲的是陈述设计方案时身体姿势的重要性，然后设计方案的文字内容的安排也是影响设计提案效果的一个重要因素，吸引客户的设计说明，要想让客户对此很快地感兴趣，就必须尽可能地将它描述得言简意赅。在你的产品设计提案文档内容里加上一些有色彩的标记或是注释，会比单纯的文字堆积更有吸引力。对于你的领导或客户来说，他们也会因此更容易集中注意力去理解你所阐述的设计观点。而且，看到别人对你的设计提案有兴趣，阐述设计的时候，自己自然也会觉得做报告是件令人愉快的事情。

有人会问："我们有的时候去提案，面对的客户并不是设计专业的，他们对一些设计的观点不太能理解，该怎样办，该怎样吸引住他们？"对这个问题，我要说的是设计工作领域对于有的客户来说可能是非常陌生的，因为有一些客户并不是设计行业出身，要他们一下子理解会有一定的困难，因此，不妨试着把你的一个新设计点子解释给你在别的行业工作的朋友听，不一定是非要给设计行业的同事听，15分钟后，如果他明白了你的设计思想，你就成功了。这在平时生活中都可以试着训练一下自己。

除了姿势和设计方案文字的安排以外，同样重要的还有声音，声音的传递也是客户与设计师沟通的重要桥梁之一。经常用"充满磁性"的声音说话，比平常的声音稍微低沉一点的声线，

听起来会特别引人注意，而且给人的感觉比较稳重，让客户听到你的设计方案陈述，有一种信任感，不过，注意保持一定的"度"，不要过了，要是过了就变成故意装酷了。

有人会问，那我的声音天生就不是低沉型的，怎么办？这个也是有一定的方法的，清晨起床一大早就可以开始训练，让你的声音变得更有磁性：在准备早餐的时候，或是在去上班的途中等公交车的时候等这些空闲时间，用喉咙轻轻地反复发出"m"的声音，就像微微地哼着歌曲的样子，这个训练还能够改善平时在重要场合说话时声音颤抖的坏习惯。

另外，在设计公司里，你对同事还有对领导要保持真诚的尊重。一个聪明而受人欢迎的设计师谈话时往往会将自己的注意力集中在谈话对方身上。他会在讲述自己设计的时候和对方保持眼神的交流，而且交流时，说的话比对方所说的要稍微少一些（最佳的比例是49%比51%）。这样就说明一个事情："我不是一个以自我为中心的人，我会给你足够的空间，因为我是个注重和谐的人。"抱有这种态度的人往往能够给对方充分的信任感，因为他感到自己所谈论的东西对于你来说很重要。

要记住，真正充满魅力的人是一个值得尊敬的听众，同时也会是一个很忠诚的保守秘密的人。如果你觉得自己每天倾听的时间太少了，不妨和一个与你性格完全不同的同事一同出去吃个饭，随便聊一点什么，听他说话，聊着聊着，你一定会对从他那里所了解到的信息感到惊讶。

同学们有的刚毕业出来在设计公司的新环境里，如何判断自己的行为是合适还是不合适，尤其是女性设计师往往会觉得有些困难。原因是，女性设计师往往对自己的行为外表更挑剔，也更喜欢把自己隐藏起来，而且还喜欢不停地想同事对自己都有些怎样的看法。其实只有当你对自己的信念坚定不移的时候，令人鼓舞的火花才会出现。

在这里我要讲一下称呼的重要性吧，当你们在公司的时候，把在公司里所有以"别人"开头的句子换成"我"，作为句子的主语，以此来强调你的观点。你们可以试试看，在某个时间段里，不要在发表意见之前加上"我觉得、我以为"这样的修饰语，这样会让人感觉你是一个有责任感的人，并且有自己的独立思想。

5. 学生：在设计公司，怎样处理好与同事、设计主管、设计总监之间的人际关系？

ROJEAN：在平时的工作当中，一个设计项目下达下来，布置好任务以后，开始制作时间进度表，设计项目管理时要与不同的人沟通，无论你是什么样的角色（设计助理、设计师、设计主管、设计经理），遇到任何事情都要处理恰当，这里有不少人与人相处的技巧。设计公司中人际关系处理大的原则：无论发生什么事情，都要首先想到自己是不是做错了。同时站在对方的角度换位思考，体验一下对方的感觉——很多有个性的设计师都缺少换位思考。

刚刚从学校毕业，可能只是做一个助理设计师，要学会让自己去适应环境，因为环境永远不会来适应你，即使这是一个非常痛苦的过程，但是你需要的就是先沉淀、积累。

不管取得什么荣誉，就算是红点、IF设计奖项也要低调一点，低调一点，再低调一点。

记住嘴要甜，时常对你身边的同事设计方案进行夸奖，对你的设计主管表达崇拜，这可不是拍马屁，一个好的夸奖会让人产生愉悦感，不管设计方案怎么样，一个夸奖就是一个好的支持，但不要太过了。

在设计公司工作，平时打招呼时要看着对方的眼睛。和你的设计公司老板沟通，或者和设计界长辈年纪大的人沟通都是这样，因为你要清楚认识自己是不折不扣的小字辈。

6. 学生：老师，常听人说设计创造价值、设计就是竞争力，为什么这么说呢？

ROJEAN：我想先提一下产品的价值。首先，一款产品除了制造这个产品的材料成本以及制造它的人工成本、组装、安装费用、运输费用等，还包括产品的实用性、产品使用起来的体验性、设计这个产品的设计来源、文化背景、新颖性、售后性，这些都归属于产品的附加值，这个附加值通过产品的价格表现出来。

我相信很多设计专业同学都听过这样的话："这个产品的附加值好高"、"这是个高附加值产品"，其实就是上面所说附加值占的比例比较高。

设计是一种创造活动，设计是从无到有的过程，是运用当今科技、知识进行创造的意识形态，工业设计专业实际上融入了很多学科，有市场学、技术运用学、人机工程学等，工业设计与这些学科互相交叉联系着，是一门综合性的专业。一款产品的诞生，离不开这款产品的生产工艺、量产技术，一个新工艺技术的发明，要通过设计让它产品化，转换成生产力，提高工业产品的附加值。工业设计可以把当今的一些科学技术转化成成熟的产品，从而占领市场，而科学技术的迅速发展，会带动企业发展，不断地优化产品设计研发。

设计还可以大大提升企业形象，延续企业的 PI，并且企业的产品生产过程中各个环节都充满着设计，一个企业产品的开发、制造、流通、销售、售后都可通过设计得到很大的提升。

通过设计对产品外观、造型、功能、使用方式进行改观，可以让这个企业在市场竞争中获得强大竞争力，提升企业在市场中的地位。在当前设计大环境下，在企业品牌设计中，应该把"为使用者、消费者提供好的产品"放在首要位置。但实际中有的企业往往不那么令人如意，因为企业的目的是利润，利润的大小是企业成败的重要因素。这就产生了一个矛盾点，那么怎样协调消费者与企业之间的矛盾呢？那就是通过工业设计，合理的工业设计以人为本，还可以给使用者带来满意体验，而且可以为企业降低产品的生产成本，增强企业的利润。

7. 学生：老师，家具设计算工业设计么？比如椅子设计等？

梁军：这个问题实际就是如何区分狭义的工业设计和广义的工业设计。广义的工业设计包括视觉传达设计、建筑设计、室内设计、环境艺术设计、家具设计、产品设计、机械设计等，狭义的工业设计一般是指产品设计，比如我们常常看到的交通工具设计、飞行器设计、生活中家电产品设计等。有的国家甚至把人使用的物品都归类为工业设计领域，所以说工业设计的涵盖面是非常广泛的。

8. 学生：作为即将毕业的设计专业学生，将来进入社会成为一名设计师，应该怎样加强自己？

梁军：首先我要说的是：设计师在设计产品和构思的同时是在创建某种新的生活体验方式，即在体会某种价值观，建立消费者与设计产品之间沟通的桥梁，比如说产品中的交互设计，产品中的易用设计等。好的设计体现着一个设计师良好的设计素养，一个设计师自身具备了良好的设计素养，才能去构思一个好的设计。做设计最重要的是先学树人。面对一些浮躁的环境，不要被这种环境影响，比如一个产品因为山寨文化的影响，设计变成快餐式设计，比较浮躁。

作为设计师，首先要做的是学会在浮躁中寻找灵感，大的方面作对人类社会负责任的设计，小的方面作对得起自己的设计。使设计朝着绿色设计、可持续设计、健康设计、人性化设计等方向发展，这是当今设计的几大趋势。

另外一方面，设计师在掌握"技"的基础上，要强化"道"的修养，说白了就是既要注重外，又要注重内，要有理论指导，还要有实践，实践促进理论的发展，两者相辅相成。古代有"道由技进，技达于道"、"无意而皆意，不法而皆法"的说法。

以前我说过，工业设计专业要懂得很多边缘学科知识，扩大知识面，这并非主张去做"万金油"，自己专业的精通深度就等于大树的根，根深才可能叶茂，一步一个脚印，一步一步脚踏实地，这样自己将来的设计空间才能发展好。

9. 学生：为什么平时临摹的时候得心应手，但是到自己画的时候却不知道怎么下笔，该怎么办？

ROJEAN：首先临摹是初学手绘效果图的方法之一，临摹的过程是一个练习的过程。首先可以熟悉你身边每一种工具的特点，工具和工具之间的配合程度，其次有助于把握画法的基本规则，比如画构思草图、深入草图、效果图分别用哪一种方法比较合适，这都需要一个过程。临摹的好处就在于可以将临摹中学到的技法运用到设计表现图上。临摹时要体会和思考，不要只是机械地临摹，因为这样一来画完了还是不明白自己应该怎么画，所以要自己领悟，主要是学习摹本中的方法。

我们一定要清楚到底画草图是为了什么——是为了传达你的想法，不是为了流畅的线条。线条流畅不流畅都不重要，那些都可以画完之后再花时间去思考，重点是你脑子里想的是什么。我看过好多学生作品，很多同学线条很好，但是一看都是临摹的草图，完全看不到自己的设计思路，也看不到怎样用手绘去交流。你可以想一个完全不存在的设计去画，这比只注重线条临摹出来的图更难，但是当你关注了设计概念之后，把侧重点放到产品设计本身，你的线条也自然而然提高了。

线条练习可以试试这个方法：比如你要画直线，你可以先在一张纸上随便各个方向画直线，从其中找到最直的几条，看看那些线条都是在什么方向，以后画直线，可以顺着那个自己觉得最习惯、最舒服的方向去画。自己要发现自己的习惯，每个人的特点都不一样，自己发掘一下，同时思考我应该怎么画，这样才能进步比较快。甚至不用作很多练习，草图也可以进步很快。还是那句话，方法有很多种，找到最适合自己的方法，老师提供的方法做为参考。但是，不是说就一定用这种方法，方法是依照各自的实际情况总结出来的。

10. 学生：我们基础不好，怎样练好手绘？

梁军：这个话题很宽泛，为什么这么说，比如每个人手绘时下笔的方向和手臂摆动的姿势都有自己的习惯动作，我在这里说的怎样练好手绘的方法，你可以作为参考，但不是绝对，因人而异。首先是多临摹，临摹好的草图、效果图，在临摹过程中自己要思考，结合自己的习惯动作总结出一套属于自己的方法，要坚持每天都练习，哪怕你这一天练习的时间不长。自己画的手绘图要保存好（记住，不要因为一开始画的不好就把自己的作品丢掉），等过一段时间以后把最近的练习和以前的练习对比一下，看到自己的进步，培养自信心，这是一种对自己的肯定，从而放松心态，下笔时，会收获意想不到的效果。

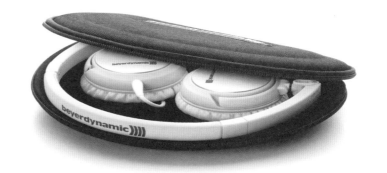

11. 学生：中国工业设计和国外工业设计的差距在哪里？还存在哪些问题？

梁军：中国工业设计和国外相比特别是与欧洲相比还有较大的差距，欧洲工业设计起步较早，1919 年成立的包豪斯 (Bauhaus) 学院被认为是开创了现代工业设计的新纪元。工业设计的定论是什么？就批量生产的产品而言，通过平时的训练，掌握技术知识、经验及视觉感受而赋予材料、结构、构造、设计形态、产品色彩配色、表面加工达到的一种品质叫工业设计。除此之外，对产品的包装、宣传、展示、市场开发等也可以归为工业设计的范畴。

欧洲工业设计教育和工业设计几乎同步发展，我国工业设计起步较晚。随着 1978 年改革开放，中国有一批先行者赴欧美等国家留学，将工业设计学科引入我国，并且其中有不少先行者在我国建立了第一批和工业设计相关的设计学院，从此以后，国内的工业设计专业得到迅速发展，但纵观国内的工业设计大环境相对国外还不是很理想，很重要的原因就是自身的理念还不完善。

12. 学生：我刚开始练习手绘的时候，总喜欢一点一点慢慢描，有时候一个比较简单的产品，一根线要花好多时间去描，有时候好不容易描好了，但线条看起来很乱，怎么办？

ROJEAN：首先，不要太注重线条的乱与不乱，要先检查你的设计思想是否表达出来，透视形态关系是否准确，再来看绘制产品的线条。线条乱的确会影响整体效果，可以采用自己习惯的角度拉长线绘制，其实主要还是心态的放松。为什么会一点一点的描，是因为怕画错，放开来画就好了，越害怕画错画出来的线条就会越乱，所以手绘时要注意这两者关系：也就是技法和放松心情的关系。所以这就是为什么很多设计人员的电脑里都会有自己喜欢的歌曲，边画边听歌曲，可以让心情放松，更好地放开来画。

13. 学生：我手绘的时候习惯从局部开始画，比如从左往右，但是花了一上午时间画到最后，发现整体造型是扭曲的，这该怎么办？

ROJEAN：这种画法是典型的只注重局部，不注重整体。有个方法很有用，就是先从整体开始画，把主要的几根结构线画出来，然后再以这几根结构线为参照，一步一步地深入刻画，如果你实在是想画好细节，可以采取整体到局部再到整体这样的循环，可以让你的效果图表现很少出现变形的情况，而且绘制效率会提高！

14. 学生：有时候，在一个幅面上出现两个或者两个以上产品，感觉每个方向都有光源，总是确定不了光源方向，最后让画面光线很乱，这该怎么办？

梁军：画面中光影要一致，如果你判断不了光源方向，可以自己设定一个方向的光源，让画面中所有产品效果都按照这个光源方向来绘制。真正自然光照下的产品会有好几个光源，比如环境光源、自然光源、反射光源等，但是我们在绘制产品效果图的时候就必须自己找一个主光源。

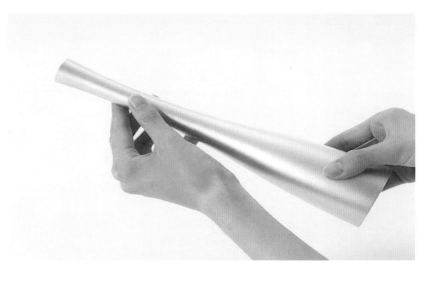

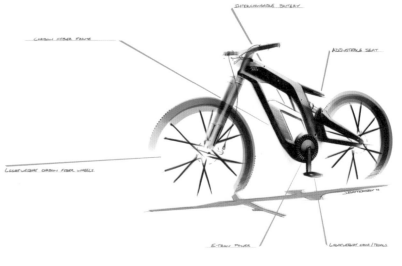

工业设计手绘宝典——创意实现＋从业指南＋快速表现

ISBN 978-7-302-28259-4

9 787302 282594

ISBN 978-7-302-34093-5

9 787302 340935

ISBN 978-7-302-27828-3

9 787302 278283